新工科暨卓越工程师教育培养计划电子信息类专业系列教材

丛书顾问/郝　跃

U0183582

5G TONGXIN DAOLUN

5G 通信导论

■ 主　编/尹学锋　颜　卉

华中科技大学出版社
http://www.hustp.com
中国·武汉

内 容 简 介

本书以第五代移动通信(5G)作为切入点,一方面回顾无线通信在理论、技术、器件、系统等方面的发展史,描述第一代至第五代移动通信系统的工作原理、关键技术与性能指标上的异同;另一方面,针对5G对智能化社会和生活的多方面影响,分析了5G技术革新的"蝴蝶效应"以及对社会政治和经济发展、国际关系演变的"杠杆功能"。本书帮助读者找寻5G与自身专业、兴趣爱好和未来职业规划的结合点,激发其对5G智能网联与各行各业的融合模式创新与实际落地的深入思考。

本书涵盖内容广、案例分析丰富,结合本书配套的线上慕课、网上录播视频以及课件共享资源,可作为介绍有关无线通信、5G通识基础的导论课教材,也可作为电子信息、电气工程、计算机、机械能源、经济管理、传媒艺术、政治经济类等专业的本科生和研究生以及相关领域科技工作者的扩展阅读参考书。

图书在版编目(CIP)数据

5G通信导论/尹学锋,颜卉主编. —武汉:华中科技大学出版社,2020.9
ISBN 978-7-5680-6540-5

Ⅰ.①5… Ⅱ.①尹… ②颜… Ⅲ.①无线电通信-移动通信-通信技术 Ⅳ.①TN929.5

中国版本图书馆CIP数据核字(2020)第168081号

5G通信导论
5G Tongxin Daolun

尹学锋　颜　卉　主编

策划编辑:祖　鹏
责任编辑:王红梅　祖　鹏
封面设计:秦　茹
责任校对:刘　竣
责任监印:徐　露
出版发行:华中科技大学出版社(中国·武汉)　　电话:(027)81321913
　　　　　武汉市东湖新技术开发区华工科技园　　邮编:430223
录　　排:武汉市洪山区佳年华文印部
印　　刷:武汉市籍缘印刷厂
开　　本:787mm×1092mm　1/16
印　　张:10.75
字　　数:253千字
版　　次:2020年9月第1版第1次印刷
定　　价:28.80元

编　委　会

序

从麦克斯韦预言电磁波的存在,到无线通信在 19 世纪末的诞生,仅用了二十几年的时间。人类对无线电在通信、雷达、遥感等诸多方面的潜在应用,可以用应接不暇来形容。无线电产品成为每个人生活中不可或缺的必备物品,完全得益于 20 世纪 50 年代集成电路的发明。随着 20 世纪 70 年代第一代个人移动通信系统的诞生,平均每 10 年就会有一次大规模的移动通信技术升级,到如今已经进入了 5G 的时代。2019 年,是无可争议的 5G 商用元年。5G 网络以几万、几十万台基站的发展规模迅速覆盖了世界上用户最密集、应用最深入的区域,围绕 5G 的技术应用成为各个国家竞争的热点,随着 5G 基带和射频芯片的不断研发革新,终于在 2019 年上半年迎来了 5G 手机的面世——移动运营商的柜台里开始摆上 5G 手机,各种和 5G 相关的应用也不断挑战着我们传统的生活、工作、娱乐方式。5G 不仅改变了个人的通信方式,也给购物、消费、出行、教育、娱乐等几乎所有方面,带来了前所未有的改变。人们开始对 5G 满怀期待,憧憬 5G 时代的"不期而遇",希望从 5G 技术革新中领略出乎意料的惊喜。

除了技术自身的革新之外,5G 也像一个杠杆,撬动了国际政治经济的格局。传统的技术创新聚集地,在 5G 浪潮到来之际,开始在全球转移。一个不争的事实,是国际上形成了围绕 5G 的技术研发、制造业、运营商的两大阵营,东方、西方之间的 5G 竞争从标准到核心专利,再到市场的划分与争夺,已经呈现白热化迹象。5G 的竞争既像是 2008 年经济危机以来的一次蓄势已久的爆发,又像是各种出乎意料的弯道超车。在这场令人震撼的角逐中,传统的强势通信企业不断亮出他们的杀手锏,舆论也乐此不疲地尾随,各种对 5G 的预测描绘出一幅令人向往的未来世界。在这样一个节奏里,人们你追我赶,涌进了 5G 的大门……

5G 已经脱离了技术范畴的定义,她更像是一个新业态,代表了一个完整生态,她的出现打破了原有的政治经济的平衡。某些在 5G 商用竞争中处于劣势的国家,开始仰仗商业、政治等手段,希求控制和干扰 5G 的发展,不惜动用国家机器对某一个企业进行打压,甚至以发动贸易战争的方式想把对手连根拔起,5G 的发展也因此充满坎坷和未知。但这样的情形并非首次出现,从 20 世纪 50 年代以来,多少次国家间技术革新所引发的政治危机,已经为 5G 发展的荆棘之路做了标注。在激流中,强者会愈发强大,远见、定力和博弈中的智慧,更能决定 5G 发展的命运。不论有多少艰难险阻,5G 发展的步伐也只会越来越快。

本书以 5G 作为切入点,详细回顾了无线通信在理论、技术、器件、系统等方面的发展历史,通过对传统的模拟通信与第二、三、四、五代数字无线通信系统的工作原理,关键技术的差异和性能限制因素的分析,帮读者了解这些技术对产业、社会、生活带来的改变与影响。此外,本书尝试跳出技术层面,从 5G 在智能化方面对社会、生活的多方面影响,5G 技术在社会、政治、经济方面的延伸,来了解 5G 的"蝴蝶效应"和"杠杆功能",分析 5G 对未来产业发展的多方面、多层次影响。与此同时,本书也尝试着帮助读者找寻 5G 与自身专业、兴趣爱好、未来职业规划的结合点,对如何利用 5G 技术对自身专业、兴趣爱好进行模式和技术等不同层面的创新,进行深入思考,建立可行方案。

本书的章节安排如下。

第 1 章,5G 的基本概念和应用。本章简要描述了 1G 到 5G 的不同,5G 的定义,5G 已经带来和即将带来的改变,包括 5G 带来的产业生态的革新、商业模式的创新。此外,介绍了 5G 依赖的关键技术,分析了业内对 5G 发展的不同观点,以及不同机构对 5G 在未来 5 至 10 年的发展预测。

第 2 章,无线通信的历史。本章旨在回溯与无线通信相关的技术史。从理论演进的角度,介绍了几个世纪以来电磁场与电磁波的理论创造和发展的历史;从具体设备的角度,介绍了无线器件与通信设备的研发史,包括作为移动通信的典型标志——手机的发展简史、互联网乃至移动互联网的发展简史、无线通信产业在近几十年的发展历史与国际政治经济的关联;此外,对 5G 时代的前瞻性产业也进行了预测和展望。

第 3 章,5G 无线通信标准。本章首先阐述了标准对于无线网络内部和网络之间互联互通的重要性,概述了一个简要的无线通信技术协议,之后对 5G 标准包括空口技术和核心网的标准做了阐述;然后,讨论了 5G 与 WiFi 标准之间的融合,5G 标准中的编码标准的产生,5G 非独立组网和独立组网的演进流程。

第 4 章,5G 芯片。本章首先介绍了芯片的基本概念,然后针对 5G 终端、5G 基带、5G 手机的芯片研发以及制造现状进行了详细的介绍;此外,根据当前的情况,对我国在 5G 芯片领域的竞争力做了简要分析。

第 5 章,5G 专利。5G 的技术创新伴随着大量知识产权的产生。本章首先给出了 5G 相关的专利类别划分,然后对 5G 领域的专利分布、5G 标准与专利之间的关系,以及 5G 核心专利的分布进行了描述;然后介绍了 5G 设备制造商如何确定他们的专利盈利策略,竞争者之间围绕专利展开的法律诉讼;此外,对各公司的 5G 专利布局和 5G 未来的改革方向进行了介绍。

第 6 章,5G 移动网络与深度学习。本章首先介绍了深度学习的背景知识、深度学习入门,然后就如何在移动网络中实现深度学习进行描述,并且介绍深度学习的多种方法,讨论如何将深度学习方法用于移动和无线网络业务的实施,如何支撑移动网络中的人工智能;在本章结束时,对未来深度学习和移动网络的融合方面进行了展望。

第 7 章,5G 赋能产业。本章围绕 5G 如何"落地",如何和其他产业进行融合,重点描述了九个领域的 5G 应用,其中包括商业楼宇、能源、医疗、交通、视频、虚拟现实、无人机、IoT 以及人工智能,讨论了 5G 和这些产业融合以后有可能产生的新业态,也简要描述了现阶段的发展情况和未来需要的改革。

第 8 章,5G 与国际政治。5G 除了带来技术革新,还会深刻地影响国际政治的格局。这一章里,我们介绍了历史上曾经发生的争夺先进技术制高点的多个事件,包括 20 世纪 80 年代美国针对日本公司进行的一系列行动、日立和三菱的间谍案、制裁东芝事件,并对上述事件所造成的影响进行分析,由此对现阶段我们应该采取的对策给予建议。

第 9 章,6G 展望。5G 已来,6G 也不会太远。本章介绍了 5G 未能满足将来智能网联需求的具体情况,分析了 5G 的传输、覆盖、时延指标在匹配飞速增长的算力与智能驱动之间存在的技术差距,介绍了 5G 以后的第六代移动通信(6G)可能采用的关键技术和服务的典型场景,概述了国内外启动 6G 研发的情况,最后对 6G 研发过程进行了展望。

　　本书可作为大学本科生有关无线通信、5G 的通识课教材。对于具有一定通信技术背景知识的学生而言,本书通过大量的 5G 相关事件,帮助他们了解技术对社会的影响;对于没有通信背景的同学而言,本书提供了一个最为典型的创新案例,赋予生涩的技术以魅力,从多个并行的线索中勾勒出必然和偶然之间的往复迭代。本书也可作为一本 5G 技术发展史,对近年发生的与 5G 有关的事件作出梳理,让读者更加系统地了解 5G 的前世今生。

编　者

2020 年 7 月

目 录

1

5G 的基本概念和应用

第五代移动通信技术,简称 5G 或者 5G 技术,是最新一代蜂窝移动通信技术。那么,5G 究竟是什么? 它到底能给我们的工作、生活带来什么样的影响呢? 在本章中,将会从 1G 到 5G,一一介绍每个通信时代的概念及特点,详细介绍 5G 需要的技术、给人类生活带来的改变、专家对 5G 的解读以及对未来的发展预测,使读者全面了解 5G 的基本概念和应用。

1.1　1G 到 5G 的不同

2019 年,5G 已经逐步进入了实际商用阶段。5G 将对我们的生产、生活产生巨大的影响,从出行到能源,从制造到家居,方方面面都将被重塑。互联网、物联网以及 5G 技术的发展,催生"大连接时代"的快速到来。在介绍 5G 之前,我们先来了解从 1G 到 5G 发生了怎样的改变。

1.1.1　1G、2G、3G、4G、5G 的定义

1G 指的是第一代移动通信技术。1G 使用模拟信号,数据传输速度达到 2.3 Kbps。那时的移动通信设备(如大哥大)只能打电话。

2G(包含了 GSM、GPRS、IS-95 等标准)指的是第二代移动通信技术。2G 采用数字化通信,数据传输速率介于 56～114 Kbps 之间。2G 实现了语音通信数字化,功能机有了小屏幕,可以发短信了。

3G(包含了 WCDMA、CDMA 2000、TD-SCDMA 等国际标准)指的是第三代移动通信技术。3G 可提供 384 Kbps 的数据传输速率,因此可以轻松浏览网站和流式传输音乐。

4G 指的是第四代移动通信技术,被称为长期演进(Long Term Evolution,LTE)。4G 提供的移动互联网,与家中或办公室里的 WiFi 一样,稳定快速。

5G 指的是第五代移动通信技术,是 4G 系统后的延伸。美国时间 2018 年 6 月 13 日,圣地亚哥 3GPP 会议定下第一个 5G 国际标准。相比 4G,5G 网络主要有三大应用场景包括增强型移动宽带(Enhanced Mobile BroadBand,eMBB)、海量机器类通信(Massive Machine Type Communication,mMTC)和超可靠、低延时通信(Ultra-reliable and Low Latency Communication,URLLC)。

1.1.2 1G 经典：让移动通信成为可能

1973 年 4 月 3 日，美国人马丁·库帕站在纽约街头，手拿一块"砖头"，用其拨通了贝尔实验室的固定电话，路人看到后，以为马丁对着砖头说话，都认为他精神不正常，但这就是人类首次得以摆脱位置的束缚、做到移动通信的第一个经典瞬间。不久之后，大哥大流行于世界，丘吉尔举着大哥大指挥军队的照片成为永恒的经典。

但是，1G 的系统容量极其受限，手机是绝对的奢侈品，甚至是身份的象征；通话费用也是高得惊人；手机本身的待机时间也很短，需要配备几块电池。

1.1.3 2G 标准：手机在全球得到大规模普及

GSM 数字网络具有诸多优点，不仅有较强的抗干扰性和保密性、清晰的音质、稳定的通话，还具备大容量、能够提高频率资源利用率、接口开放、功能强大等优点。最早的文字简讯从此开始，手机也可以上网了。第一款支持 wap 的 GSM 手机是诺基亚 7110，而当时 GSM 的网速仅有 9.6KB/s。手机大规模集成芯片和 GSM 标准的成熟，使 2G 真正引发了通信革命。

1.1.4 3G 革命：网络摆脱了电话线的束缚

2009 年 12 月，在美国无线通信展览会上，爱立信宣布：包括音乐、视频、电子文本、网页以及线上游戏等产生的全球移动数据流量，超过了语音所产生的流量。至此，又诞生了一个通信领域的里程碑——标志着以 3G 技术为基础的移动互联网时代真真切切地到来。此后出现的 3G 通信技术、智能手机以及移动客户端共同颠覆了移动通信的内涵，手机也不再是单纯的通话、短信或邮件工具，而成了一部综合性的智能终端。乔布斯曾说，"苹果重新发明了手机。"但其实，若没有 3G 技术，就不会有这些更便宜、更大量、功能性更强的流量。而 iPhone 除基本的通信功能之外，也并不会具有更大的吸引力。

总之，通信在 3G 时代之前最看重的就是"移动"，比如，我们能够在走路的同时聊天；而在 3G 时代内，我们需要忍受低速网络，离开 WiFi 热点，不能随心所欲地下载电影，NBA 比赛只有文字直播，甚至点开微信中的一张图片需要二十分钟，而所有这些通信过程中的不完美，势必会成为下一代通信网络研究的重中之重。

1.1.5 4G 升级：更高、更快

如前所述，1G 到 3G 完成了从固定到移动、从单纯的语音通话到移动互联的革命，但这个过程仍没能解决网速缓慢、客户体验差的问题，而这也应该成为 4G 时代研究的重点。按照国际电信联盟的定义，4G 的最大传输速率能达到 100 Mbit/s，是一种提供高速移动宽带网络的服务。这也表明，4G 时代的标志性特征是"高速"，它比之前的拨号上网速度快了 2000 倍，即使存在同时上网人数的限制，4G 时代的网速仍然能比 WCDMA 或者 CDMA2000 等 3G 技术快 10 倍。4G 的上传速度能够达到 20 Mbps，能够传输高质量视频图像。

从 4G 定义来看，高速服务是其主要特征，不同于 iPhone 3GS 变革了固定 PC 机，4G 要比上一代通信技术更加优化，是锦上添花式的升级。尽管有些消费者希望获得更

高速的移动网络,但是由于运营初期存在流量费高昂、4G 热点匮乏(当然随着各大运营商的网络建设,这种情况在后期得到了很大的改善)等困难,人们只能退而求其次。

1.1.6 5G:改变社会

5G 网络和 4G 网络的区别不仅仅是 5G 速度更快,几秒钟可以下完一部电影,相比 4G 网络,5G 网络还具有更强的网络容载能力,它还是万物互联落地的基础,意味着机器将更加智能化。有了 5G 网络的铺垫,物联网、人工智能、虚拟现实、智慧城市以及超清视频等一系列技术应用,都会迎来更广阔的应用空间。

1.2 5G 基本性能

1.2.1 5G 的速度有多快?

5G 提供高达 10 Gbps 的峰值数据下载速率。4G 的峰值速率大概为 100 Mbps,5G 的速度提升了 100 倍。理想情况下,用户能在几秒内下载 1G 大小的高清视频。4K 视频需要最低 25 Mbps 的下载速度,4G 达不到这个要求。所以,在 5G 环境下,4K 视频直播成为可能。另外,虚拟现实(Virtual Reality,VR)/增强现实(Augmented Reality,AR)对带宽的需求是巨大的,5G 使 VR 等虚拟化实现成为可能。如果说用 2G 可以看小说,用 3G 可以看图片,用 4G 可以看视频,那么用 5G 则是可以在 VR 中进行互动。

1.2.2 5G 的容量有多大?

5G 系统即将使用高频段毫米波波段,例如 28 GHz、39 GHz,甚至 72 GHz 等。采用高频电磁波进行信号传输时,虽然传输速率能够随着带宽扩大而显著提升,但高频电磁信号穿过物体时将经历较大的损耗,这是毫米波通信的典型缺点。依照香农定理,随着传输距离的增加,信号功率迅速衰落,其传输速率会比 4G 的低频段下降得更快。为了保证高效稳定的传输速率,5G 需要建设更多基站,以便提供稳定的信号传输效果。基于 5G 技术的移动通信网引入了体积小、耗能低的微基站,这种基站可以灵活地安装、部署在城市和乡村的任何位置,如公路两侧路灯、交通信号灯、大型商场内部、普通住宅旁等。每个基站之间可以相互接收信号,并发送数据给邻近该基站的用户。5G 系统的信号接收功率均匀,网络承载量大,形成泛在的网络覆盖,解决了高频段长距离传输效果差的问题,这也让物联网成为一种可能。

在 5G 网络中,除了智能手机、PC 机等常见 3C 产品,还可以纳入更多的终端设备,如可以通过网络控制的智能家居产品,如智能插座、智能空调、智能冰箱以及智能穿戴设备等。而在物联网领域中,对于不同的应用场景,网络的需求不尽相同;一些终端设备需要大量实时数据快速处理反馈,而另一些终端设备只需要少量数据或几个 bit 的数据传输;它对传输的速度反应要求都不高,甚至可能一两个月才更新少量的数据,比如水表、电表类的使用量信息显示。所以在 5G 网络中,需要能自动识别出设备终端对网络的需求,分别使用不同的网络带宽。当少量数据传输时,5G 智能识别使用耗能较小的窄带网络对数据进行传输,从而有效减少能源的消耗和使用,保证终端设备的低耗长时运作的实用性,实现真正的万物互联。事实上,有资料表明,5G 通信网络在某些场景中需要能够支持每平方公里 600 万个设备的接入并同时上网的工作状况,如此巨大的容量是传统网络难以支撑的。

1.2.3 5G 的延时有多少?

相比 4G,5G 在现有的技术架构上进行了很大的优化和调整。为降低延时,5G 从四个方面同时着手进行,分别为接入网、承载网、核心网、骨干网。

5G 一方面大幅度降低空口传输延时,另一方面尽可能减少转发节点,以缩短节点之间的距离。引入网络切片技术,把物理上的网络切片,划分为 N 张逻辑网络以适应不同应用场景。将核心网控制功能下沉,部署到接入网边缘,趋近用户,缩减传输距离,减少延时。

4G 网络应用服务器集中于中心机房,离终端较远,数据传输中间需经过多个传输节点。5G 网络通过边缘计算技术深度融合了接入网与互联网业务,将具有计算、处理和存储功能的云计算设备部署在接入网边缘,构建移动便捷云,提供信息技术服务环境和云计算能力。可以减少数据传输过程中的转发和处理时间,降低端到端的延时。

低延时让无人驾驶成为可能。一辆汽车在 60 km/h 的速度下运行,50 ms 的刹车紧急制动的距离为 1 m,10 ms 的为 17 cm,1 ms 的为 17 mm。在 4G 网络中,延时大概为 50 ms,制动距离大概为 1 m,这 1 m 也许就能成为生死间的距离。而 5G 网络大大降低了这一风险,其低至 1 ms 的延时,让自动驾驶的行驶安全更有保障。大家都知道重庆万州公交坠江事件,如果当时公交车使用的是 5G 技术,搭载智能监控和智能系统进行管理,当发现车辆偏离正常轨迹,要冲出桥堤的时候,紧急制动系统通过低延时特性,在 1 ms 中刹住,可能就不会发生悲剧了。

4G 改变生活,而 5G 将会改变整个社会。5G 不仅从 VR/AR 等虚拟物品、虚拟人物、增强情景信息等方式带给人们全新的媒体体验,它还将进入物联网时代,并渗透到各行各业,如车联网、智能制造、全球物流跟踪系统、智能农业、市政抄表等。当 5G 到来之时,亦是生活方式颠覆之际,人类将走向数字化、信息化的智能世界。

1.2.4 最早的 5G 应用

2018 年 5G 已来! 2018 年底,中央广播电视总台和中国三大移动通信运营商及华为技术有限公司(以下简称华为)共同签署了《合作建设 5G 新媒体平台框架协议》。2019 年 2 月通过 5G 网络直播央视春节联欢晚会深圳、长春分会场超高清视频,正是 5G 新媒体平台的重要试点应用。

2019 年 1 月,华为在北京央视大楼春晚一号演播厅,深圳、长春等分会场,部署了 5G 室内数字系统以及室外基站,支持多路超高清视频回传。在深圳分会场,由中国移动采用华为提供的端到端 5G 设备,包括 64T64R 的基站设备 AAU、5G 核心网,以及 5G 商用终端(CPE),并通过该终端设备和央视直播摄像机完成了对接,经过现场测试,5G 网络能够稳定地为直播设备提供 80Mbps 的无线上传功能,完全满足春晚超高清视频直播的要求。在长春分会场,由中国联通和华为公司联合实现了我国首次极寒环境下的 5G 网络 4K-VR 实时制作传输测试。即使在超密人群、极寒环境(零下 20 ℃)下,5G 网络超高清传输依旧稳定顺畅,这体现了华为 5G 设备在极端环境下也能保证稳定运行的优异品质。

1.3　5G 能为我们带来哪些改变？

截至目前,我国 4G 用户数量已达 7.7 亿,这一数字随着提速降费政策的推进还在持续增长中,移动网络传输速率也由之前 3G 的 4.3 Mbps 提升至 4G 的 11.9 Mbps。那么,既然 4G 市场前景大好,为何还要铺天盖地地宣传 5G 呢? 从手机屏幕分辨率来看,除了索尼的 4K,其他品牌都徘徊在 2K 或 1080P 之间,从这个角度来说,4G 现有的速度完全可以支撑手机的正常使用,那么高速的 5G 真的有必要吗?

实际上,5G 具有更快的速度已经家喻户晓,但相比 2G/3G/4G 更多聚焦于技术而言,5G 则志在建立一个"端到端"的系统构架和生态系统,打造一个全移动、全连接的社会。此外,5G 还将实现电信的软硬件分离,引入 IT 数据中心所采用的云化和虚拟化的概念。基于云和虚拟化的生态系统和商业模式将通过 5G 技术得以满足和支持。

在 5G 时代,除了几秒钟下载完一步高清电影之外,还将在如下方面为人类的生活带来深刻变化。

1.3.1　4K 等超高清网络直播将成为主流

4K,K 代表 1024,几 K 表示的是屏幕的水平方向上有接近几个 1024 的像素。一般的 4K 屏幕有 4096×2160,也有 3656×2664、3840×2160,又称超高清(UHD),简单地说,就是画质更清晰、自然、逼真,用户可享受到影院级的视听体验,真正地可以做到毫发毕现。更清晰的画质、更细腻的画面细节意味着更多的数据信息。在巴西世界杯上 BBC 做 4K 直播,每秒 60 帧的视频,大概需要 36M 的带宽。30 多兆的带宽目前在国内绝大多数地区还无法达到。而 4G 的网络带宽仅有 10 Mbps,这是无法满足 4K 视频网络直播需求的。

5G 的出现让 4K 视频直播触手可及,更大的带宽让 4K 超高清视频数据在传输过程中畅行无阻。2018 年 10 月央视已经推出 4K 超高清频道,2019 年的春节联欢晚会也实现了 4K 的 VR 直播,利用手机或者移动终端享受超清的视频观看体验是视频行业的一大改变。

1.3.2　视频直播的卡顿或将成为过去

现在的 4G 网络在稳定性方面还有所欠缺,经常遇到下载速率忽快忽慢的情况。5G 网络采用了"毫米波＋小基站"的传输方式,小基站体积小、布置简便(也符合 5G 极简网络的主要理念),在每 250 米左右构建一个小基站,如此排列下来,每个城市能够部署数千个小基站,由此形成密集网络,每个小基站之间能互相接受信号并向任何位置的用户发送数据。基站之间信号接收功率均匀、系统承载量大,很大程度上保障了 5G 网络的稳定性,传统网络中的数据传输不稳定、视频直播卡顿的情况将成为过去。

1.3.3　AR/VR 技术将焕发"第二春"

在使用 VR 看流媒体视频时,当延时超过 20 ms,用户就会出现不适感,最好的情况是延时不超过 7 ms。因此以目前的 4G 技术无法为 VR 流媒体提供一个理想的硬件环境,而 5G 技术可以同步视频和音频,为用户提供更好的使用体验。5G 技术将大大促进 AR/VR 应用程序开发,5G 的出现将助力 AR/VR 利用虚拟物品、虚拟人物、增强性情境信息等方式,给人们带来连接媒体的全新方式。与 VR 功能相结合的高响应触觉装备也将带来全新的人与虚拟世界的接口模式。

1.3.4　视频互动的延时将大大缩短

延时即请求和响应的时间差。相较于 4G 网络 50 ms 的延时,5G 网络仅为 1 ms 的延时大大缩短了网络的响应时间,5G 时代,将大大降低直播的延时,人们可以随时享受即点即播的快感。

1.3.5　以 5G 赋能的人工智能(AI)应用大量出现

5G 作为一种基础的信息传递平台,应用于生活、工作、娱乐、社会的各个方面。5G 和 AI 的结合将给整个网络视听行业带来巨大的变化,给我们提供很多的便捷和智能。智能的应用体现在围绕语音的语音智能,围绕媒体的媒体智能,以及由于数据积累带来的数据智能,如 AI＋基于语音的情绪分析、AI＋基于语音的会议速记与互译、AI＋多语言信息实时交流等。

1.3.6　远程医疗

通过使用 5G 高速率传输网络可以实现网络诊断和远程医疗咨询。通过远程传输数据、文本、语音和图像数据,患者可以在本地医院接受专家的远程问诊、治疗甚至护理。远程医疗可以保障偏远地区或缺乏高质量医疗条件的患者获得良好的诊断和治疗,这在一定程度上缓解了医疗资源分布不均的问题。

1.3.7　科幻般的智能家居

5G 能够让科幻电影中的家庭场景成为现实。在回家之前,空调已经打开,热水已经备好,米饭也已自动煮熟,需要浏览的每日新闻会定期推送到您的手机,不必要的广告信息得以智能过滤。智能家居系统还可以监控家庭的内部情况,读取生活中的各项数据,消除外界的噪声和干扰。智慧家庭客户端就像一个无形的私人管家,随时照顾着你的生活和起居。

1.3.8　颠覆传统教育

5G 将颠覆传统教育方式,智慧校园会逐步开展施行。在这个模式下,教员在线授课,学生网络听课、完成课堂作业并参与线上期末考核。学校与学校之间互相开放教学资源,校外的人员可以通过验证身份浏览各校图书馆的图书,参与课堂教学互动,人们可以实现跨地域的学习,不受传统课堂的限制。

1.3.9　基于网络的无人驾驶成为可能

4G 的网络延时约为 50 ms,这不能满足无人驾驶汽车所需的响应时间。而 5G 网络延时仅为 1 ms,这使自动驾驶汽车在道路上畅通无阻成为可能。例如,一辆无人驾驶汽车以 100 km/h 的速度在高速公路上飞奔,50 ms 的时间行驶约 2 m 距离,这可能成为生与死之间的距离,也让 5G 网络下的无人驾驶成为现实。

值得一提的是,仅仅依赖单一车辆的快速响应并不能保证不发生事故。在无人驾驶中,网络传输技术不可或缺,汽车必须具备与互联网、局域网联络和道路环境识别的功能,包括车与车的联络对话、车与卫星通信、车与天气预报的联络、车与交通指挥网的联络,才能正确识别和选择道路、正确服从交通警察的指挥、正确决定通过交叉路口、正确避让危险和安全行车。5G 的高容量特性能让物联网得以实现,无人驾驶将不止依赖于雷达和摄像机,道路上的全部元素在通过 5G 连接至物联网后,与无人驾驶汽车之间形成信息交互,无人驾驶车辆将与信号灯、斑马线、其他车辆产生信息间的关联,避免多种危险的发生。例如,当车辆超速时,道路可以迅速向它发来降速指令;当有行人出现在路边时,路边的感知装置会提前通知无人驾驶汽车,要求提前减速或加强局部瞭望。

1.3.10 5G 改变未来战场——智能化战争

借鉴美国的 5G 军事化应用构想:随着军事活动加速向智能化领域延伸,指挥控制平台、空战平台、精确制导导弹等方面将由"精确化"转变为"智能化"。

与现有通信系统相比,5G 传输速率和稳定性能够轻松满足未来战场的通信任务需求。军队作战利用增强现实技术,可对目标物体进行方位识别、远程侦察及预警,更新实时情报以及基层指挥员作战电脑上的战场信息,实现战场指挥网络化、及时化、一体化。

此外,一旦 5G 通信系统在全球部署,其服务能力将能够与军用通信系统相媲美甚至有所超越。各类军用移动终端,不仅可以接入军中战术通信网络,也可以直接利用 5G 通信网络,进行加密数据通信,从而为军队提供"更广覆盖、更高速率、更强兼容"特点的空地一体化通信功能。5G 网络部署必将极大增强战场的信息化保障能力。

除此之外,军队在对外作战过程中,无需频繁调动军用通信卫星、预警机等资源,利用 5G 通信系统,即可实现战场信息终端的相互连通,达到通信近乎无阻碍的水平,大大降低军事作战成本。因此某些国家希望通过主导 5G 系统建设的全球标准化,促进地面移动通信系统与卫星通信系统的无缝衔接,由此推动新一代空地一体化通信网络建设和军民共用的通信系统构建的意图,变得更加容易理解。该系统的构建或许能改变未来战场的信息指挥体系。

2018 年 12 月,美国国际战略研究中心发布题为《5G 技术将重塑创新与安全环境》的报告。该报告指出,当前的 5G 通信技术的竞争将涉及网络、数据、互联网的发展方向,经济增长方式以及各国将面临的新风险和薄弱点,因此 5G 技术的开发者、标准制定者以及知识产权归属者都会影响网络安全、创新及就业。5G 通信技术因其可用于机器人、人工智能及大量的先进传感设备中而具有重大的军事价值,或将成为新军事能力的技术基础。

报告指出,5G 通信技术的竞争将上升为国家层面的战略竞争,当敌对力量牵涉到 5G 通信技术的竞争时,国家安全就会面临风险。因此,5G 通信技术的竞争是一场国家安全层面的经济竞赛。

5G 通信技术将从两个方面对未来智能化战争产生重要的推动作用。其一,5G 通信技术的特性使各国能够在未来战场上更加有效地指挥和控制各种无人系统。尤其是高速率、低延时的优点将使得对战场各类无人系统的操控更加精准,极大地提升了各类作战系统的自主操控能力。

其二,5G 通信技术将进一步与人工智能技术相融合,从而提升战场智能化程度。由于未来战场 5G 通信网络将接入大量不同类型的战场终端,并随之产生可观的战场数据,人工智能基于 5G 通信技术对这些数据进行实时大数据分析,可以极大地提升战场的智能化程度。总之,谁掌握了 5G 通信技术的主动权,谁就能在未来的智能化战争中掌握主动权。

1.4　5G 依赖的关键技术

业界普遍认为,5G 将在无人驾驶汽车、AR/VR 以及物联网等领域发挥至关重要的作用。这主要得益于 5G 相比于 4G 而言,有全方位的性能提升,具备高数据传输速率、超低端到端延时,以及超大的网络容量等特性。这些特点得益于 5G 依赖的多种关键技术。业内普遍认为毫米波、小基站、大规模天线阵列(Massive MIMO)、全双工、波束成形以及边缘计算是支撑 5G 的六大关键技术。我们将对这六种技术做简单的介绍。

1.4.1　毫米波

在容量上,5G 能达到 4G 的 1000 倍,并且单一 5G 终端的通信峰值速率将在 (10～20) Gbps 之间。如同在一个固定宽度的道路上行驶的车辆多了,自然会发生拥堵一样,当联网设备数量不断增多,并且每个设备都要求使用较宽的频带来保证通信时,频谱就会出现严重的资源短缺。如果只能在一个狭窄的频谱上共享有限的带宽,就会很大程度上影响用户的使用体验。

网络容量可通过如下的公式计算得到:

$$容量 = 频谱带宽 \times 频谱效率 \times 小区数量$$

由上式可以看到,要提升系统容量可采用三种方式:一是增加带宽;二是提高频谱效率;三是增加小区数量。如图 1.1 所示。增加带宽通常取决于每个国家频谱规划的具体举措。在 4G 启动建设之初,国外的很多移动网络运营商都是通过拍卖获得频段的使用权,这无疑是一笔巨大的开销。在 5G 时代,各国把目光放在毫米波波段(26.5～300 GHz),相对低频段而言这一波段尚有很多空白,可以在世界范围内统一通用。毫米波的单一传输通道可以达到 GHz 的级别,以 28 GHz 频段为例,其可用频谱带宽为 1 GHz;而 60 GHz 频段每个信道的可用信号带宽则为 2 GHz。因此,将频点设置在毫米波段,通过增加带宽,能够带来较为直接、成本相对较低的容量增加。提高频谱效率,即提高频率的利用率,可以通过先进的复用技术来实现,这种方法也是运营商比较青睐的做法。增加小区数量,就需要加建更多基站,如果每个基站的建设成本很高的话,那整体的投资将会巨大。

图 1.1　提升系统容量的三种方式

1.4.2　小基站

传统的毫米波无线通信系统,应用于卫星和雷达系统。5G 使用毫米波,首次开启了个人移动通信使用毫米波的先河。5G 毫米波实验系统已经有多家设备制造商研发成功,基站、手机 5G 芯片也都将支持毫米波频段。如前所述,毫米波穿透力弱,且在自由空间的衰减大,尤其在城市高楼林立、地物复杂的环境下传输效果并不理想,所以缩小每个基站的覆盖范围,增加基站的分布密度,成为有效解决这一问题的方案。华为已经推出了极简网络的概念,其研发的小基站能够采用市电供电,悬挂在路灯灯柱上,具有极佳的部署便利性。小基站成为 5G 实现"无孔不入、无微不至"的保证。此外,每个小基站之间可以相互接收信号并给任何位置的用户传输数据。在功耗问题上,小基站在规模上远远小于大基站,其功耗也必将大大缩小。

1.4.3 Massive MIMO

5G 在无线传输,即所谓的空口技术上最明显区分于 4G 的,可以认为是真正利用了无线信道在空间的"稀疏性"。这是通过所谓的 Massive MIMO,即大规模天线阵列支持下的多入多出空口传输技术。小基站虽然可以解决覆盖问题,但是在高速率的保证上,仍然需要较大的有效接收功率。为此,有必要通过多天线的发射与接收,增加"分集"的增益。此外,5G 如果使用毫米波波段进行信号传输,由于发射接收的电波相对于 4G 的 6 GHz 以下频段而言,具有更短的波长,每个天线的尺寸也会大大缩小。即使有很多的天线,即达到所谓的大规模(如 64 个天线、128 个天线)的程度,这样的阵列也只有类似于笔记本电脑尺寸大小,所以依然可以很容易地安装在 5G 基站上。小基站与 Massive MIMO 的结合,可以保证容量、速率的多重需求,构成了相对于 4G 而言明显的优势。

1.4.4 波束成形

5G 容量很大,同时也意味着在同一个服务小区里会有很多用户,如何消除基站对一个用户通信时,对其他用户的干扰? 这个问题可以通过波束成形(Beamforming)来解决,通过采用模拟或者数字的技术,控制天线阵列中的一部分天线或者所有天线所发出的电磁波信号,让它们发出的每个电磁波在空间的某一个方向上正向叠加,信号幅值得到增强,而在其他方向上互相抵消,从而形成一个定向的波束而非全向发射,可以将有限的能量在特定方向上集中传输,这一方面使得传输距离变得更远,同时也避免了信号对其他用户、其他方向或者区域的干扰。此外,波束成形技术还能提升频谱利用率,能够同时从多个天线,或者多个天线组合发送更多的信息,即形成多个波束,每个波束传输不同的数据流,同时服务不同的用户。

1.4.5 全双工技术

全双工技术在 5G 早期提出时,就被业内认为是可以大幅提高容量的关键技术。它指的是设备的发射机和接收机占用相同频率资源、在相同时间进行工作,使得通信两端的上、下行可以在相同时间使用相同的频率,突破现有的频分双工(Frequency Division Duplexing,FDD)和时分双工(Time Division Duplexing,TDD)模式,是通信节点实现双向通信的关键技术之一,也是 5G 高吞吐量和低延时的关键所在。若要实现这一设想,还需克服电路板件设计、物理层/MAC 层优化、全双工和半双工之间动态切换的控制面优化、对现有帧结构和控制信令的优化问题,以及对上下行链路之间的干扰进行模拟或者数字隔离。尽管 5G 第一阶段并没有实际采用全双工技术,但在整个行业,包括产业界和学术界的共同努力推进下,同频同时全双工技术会越来越成熟,很有可能在 5G 未来版本中得到应用。

1.4.6　边缘计算

5G 的目标是将端到端的延时控制在毫秒级。具体什么时间概念呢?我们来看一组数据:LTE 网络内部延时小于 20 ms(不考虑重传的情况下,且如果要 ping 外部服务器,延时通常会在 50 ms 以上),光纤的传播速度是 200 km/ms,而 5G 在应对延时超敏感用例时要求接入网延时不超过 0.5 ms,即 5G 数据中心与 5G 基站间的物理距离不能超过 50 km。为此,可以考虑在接入网引入移动边缘计算、边缘数据中心,就是将以前核心网和应用网的一些功能下沉到接入网,这与传统移动通信网络一直秉承的中心化概念无疑是背道而驰的。

除了这些关键技术以外,5G 还有大量先进的、功能与之相一致的系统架构。例如,为了应对不同的应用场景,5G 的设计需要非常灵活。它可以识别数据的传输类型,对于特殊的设备将转换成低功耗模式;而对于高分辨率的视频,网络将自动切换成大功率模式。5G 可以针对不同的服务改变和用户之间的交互流程,满足在三种关键场景之间灵活切换。当然,5G 还有很多其他的技术,尤其是和 AI 技术的结合等。感兴趣的读者可以在 5G+智能相关的文章中读到更多细节。

1.5　专家解读 5G 之路

如何看待 5G 的出现,它究竟会带来什么?我们不如先从一部电影说起。电影的名字叫《梦幻之地》,雷是这部电影的主人翁。某天一个神秘的声音对他说:"If you build it, he will come.(如果你盖好了,他就会来。)"雷听从了这个召唤,将家里的玉米田改建成一座棒球场。令人意想不到的是,恰恰因为这座棒球场,雷的父亲的棒球偶像来到这里打球,并促成雷和父亲之间化解了多年的矛盾。这部《梦幻之地》在很多全球权威电影网站具有极佳的口碑,1990 年还赢得奥斯卡金像奖三项提名。不仅如此,《梦幻之地》的台词"If you build it, he will come."还成为《好莱坞报道者》杂志评选出的历史上最经典的 100 句电影台词之一。

有观众这样解读这句台词,"有时可能你没有十足把握做一件事情,但是当你把工作一步步做好,你期望的最好结果自然而然就浮现出来。"2018 年 12 月 20 号,在伦敦举行了一场全球移动宽带论坛,主办方华为技术有限公司轮值董事长胡厚崑在主题演讲中略作改编引用了这句台词,他在演讲结尾时用"If you build it,'they' will come."呼吁在场的电信运营商们,应该用同样的心境迎接新技术,尽快投入到 5G 的网络建设中来。

这次会议的时间正值 5G 到来前夜,业界普遍认为 2019/2020 年会是 5G 牌照陆续发放,和运营商 5G 业务正式启动之年。但胡厚崑的呼吁颇具感性,也是回应了业界对 5G 存在的一些纠结和矛盾情绪。对于 5G,业界有积极的一面,没有人怀疑。大家都认同和 4G 相比,5G 会是一场技术革命,极有可能引发一场产业革命。但是业界也同时存在着消极情绪,或许正是 5G 的变化太具革命性,让成本和成果都变得不可预知,一些运营商客户对是否需要大力度部署 5G,是否需要尽快部署 5G,产生了不同程度的犹豫和不同的见解。

1.5.1　5G:第四次工业革命的第一推动力

如今,人类社会步入了第四次工业革命,5G 的出现给第四次工业革命带来了不容忽视的机遇。

维基百科对第四次工业革命的定义很简洁,称其是"一系列融合物理、数字和生物世界,以及影响所有学科、经济和工业的新技术"。世界经济论坛连续两年都将"新工业革命"作为话题方向,论坛主席施瓦布也出版了一本书来谈这个概念。施瓦布认为第四次工业革命时期,因为移动性,互联网会无处不在,传感设备更小更强大,机器学习(ML)和人工智能(AI)也会展露锋芒。

维基百科的定义,首先明确了在第四次工业革命时期,世界的三个维度:生物世界(人类世界)、数字世界(由数字化技术构建的世界)和物理世界(我们所能看到、碰触的实体世界)组成。施瓦布的解释,则揭示了第四次工业革命的两种数字化技术的本质。无处不在的互联网处于通信技术范畴,在传感设备的帮助下,通信技术不仅让人和人更容易沟通(如同移动电话和互联网完全改变了人类的沟通方式),接下来也可以通过传感器探测物体的运行状态,让物体与物体之间可以交流、通信。

5G,则是通信技术(CT)目前的皇冠,如同 AI 之于信息技术(IT)一样。作为下一代的移动通信技术,5G 具备很多震撼性的性能指标。以高速宽带举例,下载一部几 GB 的高清电影只需以秒计算,如同更快的飞机、高铁和汽车,让人类的物理世界变得更高效一样,更快的通信能力,毫无疑问,也将极大程度地提高数字世界的运行效率,同时也为生物世界(人类世界)创造更为丰富多彩的应用和服务(如同 4G 时代的触屏智能手机)。

胡厚崑总结了 5G 的两个宏观特点:首先是连接的平台化。5G 时代的到来,将使无线接入网络,成为一个泛在的平台,无人不享、无处不在、无所不联就会成为现实。其次是人与设备的永远在线能力,实现无时不联网。无时不在线很容易让人联想到 PC 时代 QQ 上的聊天习惯。那时我们和人聊天的第一句往往会说:"在吗?"但在 5G 时代,在线与否将不会是一个问题。

华为运营商 BG 总裁丁耘则在全球移动宽带论坛以"移动宽带"为例,给出了更具体的预测:5G 将使数据连接能力提升 10 倍,5G 第一个标准 R15(与 IT 不同,CT 技术由于互联互通的需要,对全球标准统一有很高的要求,R15 就是这样一个标准)聚焦增强型移动宽带(eMBB),这将完全突破流量增长的瓶颈,匹配无线家庭宽带市场需求,将会成为宽带普及的首选技术。正是 5G 的技术革命性,国际电信联盟秘书长赵厚麟早在 2017 年世界经济论坛上就断言,5G 一定会为第四次工业革命拓宽道路,带来全新契机。

毋庸置疑,5G 作为一场技术革命,正在连接一场产业革命。

1.5.2　5G 网络:有多先进,就有多复杂

5G 虽机遇当前,但挑战同样不容忽视。5G 所在的通信技术,和信息技术虽然同属数字化技术领域,但两者支撑的产业生态和其运行逻辑大相径庭。

信息技术(IT)的应用客户来源更加百花齐放,任何普通公司都可以是信息技术的买方客户。分析机构预计,未来五年,所有的企业都会去购买云服务,多数企业都会使用人工智能。这些客户对 IT 的投资,促成了信息技术的落地,并没有哪个企业有特别重要的地位。

但是,通信技术的买方客户,特别是移动通信技术的客户则大不相同,它们非常固定——全球数量有限的电信运营商。要想使用最新的通信技术,只有电信运营商们先建起一张张无线通信网络才可以,没有这张网络,一切都是空谈。我们刚才谈到了 5G 的革命性和战略机遇,但是具体谈及要建一个真正的 5G 网络,电信运营商们则感到了实实在在的压力:一个压力是技术太复杂,另一个压力是投资回报率不确定。也就是说,不确定花这么多钱建网能否马上赚到钱。

关于 5G 技术的复杂性。根据专家介绍,5G 和 4G 相比,建设网络的难度呈几何数量级的增长。华为常务董事汪涛则在全球移动宽带论坛更全面总结了 5G 技术复杂度方面的三大挑战:一是 2G/3G/4G/5G 四代网络同堂,其网络管理的繁杂程度非人力所能及;二是异构组网、Massive MIMO 等 5G 新技术与架构为挖掘网络潜能造成了巨大挑战;三是尽管 5G 技术带来了移动网络业务的扩大,但多业务并存网络中的用户体验也不易管理。虽然出发点不是完全相同,但是 5G 网络复杂度更高确实是产学研界的共识,中国科学院院士尹浩在 2018 年 11 月举行的"2018(长沙)网络安全·智能制造大会"上告诉与会者,"5G 是多种技术融合的网络,复杂性是不言而喻的。"

一个基站方面的例子可以简单说明其中一种复杂性:和 4G 相比,5G 可以使用更高的频段,即毫米波波段,这可以允许我们使用更大的带宽,也因此带来更高的传输速率,但是高频无线信号的穿透力相对较弱。从移动通信发展的历史上看,随着频率的提升,每一代通信技术的通信覆盖半径都在减少,2G 基站的覆盖半径是 5~10 km,3G 基站减少为 2~5 km,4G 基站继续减少到 1~3 km,到了 5G 基站,覆盖半径很可能缩减为 500 m。覆盖半径越短,基站就要越多;而基站越多,网络管理就更复杂,建设成本就会随之提高。

1.5.3 无 AI,不 5G:数字世界的自动驾驶

如果采用道路网络来比拟通信网络,由于 5G 的传输速率提高,5G 的到来实际上相当于建设了更宽的马路,让车辆(数据)的运行(传输)速度更快。其次,当基站密度提高之后,5G 网络会把更多通信传输的管理能力下放到网络边缘的一个个节点,而不是都由中央统一调度(相当于每个小路口也都会安排一个交警进行管理),这样做的好处是,车辆在最近的交警管理下,有了更多的支线道路可供通行,而不是都集中在环路、主路,造成网络的堵塞。此外,5G 网络可以实现一种"切片能力",为客户提供更个性化的服务,这相当于在路面上,对不同类型的车辆,提供不同的道路功能,比如为自行车提供自行车道,为客车提供高速公路,为公交车提供专线,这样增加网络的附加值和优化客户体验。

但这些 5G 的优点,即"更快的车辆行驶,更丰富的路线选择,更个性化的服务能力",显然会让网络的交通指挥系统承受巨大的压力。因此在 5G 时代,传统的通信网络资源的调度方式已经不再适用。尹浩院士谈及 5G 技术融合带来的复杂度时提出,其中一个融合方向是 IT 技术和 CT 技术的融合。巧合的是,有时候造成问题的原因,

往往也是解决问题的方法,IT 技术正是解决 5G 复杂度的最佳方式,也就是 AI。因为当网络变得高度复杂之后,人工能力或者依赖人为干预的管理,就变得极其有限,无法对如此复杂的网络需求做出及时、准确的反应,就像我们无法想象由一个个具体的人来切换路面上的每一个红绿灯一样。

但是 AI 没有这样的问题,它们可以自动总结规律、范式,充当网络资源的管理者,降低 5G 的运维管理复杂度。实际上,由于数字世界远远比物理世界更加复杂,不为人类所能理解,未来机器学习所支撑的人工智能,一定会充当人类的化身,成为数字世界的管理者,帮我们协调控制这个看不到的虚拟世界。5G 只是先行一步,未来我们的每一辆车、客厅的每一束灯光,可能都是借由数字信号,由 AI 来管理。

华为在这方面做了很多工作,这家公司把 AI 之于 5G 的方式称为移动网上的“自动驾驶”。汪涛在会上表示,华为正在将 AI 技术和移动网络进行深度耦合,提升运营效率,实现移动网络管理的“自动驾驶”,让运营商创造更佳的用户体验,并涵盖了移动通信网络涉及的站点、网络和云端三个层面。

(1)站点层面,主要落实场景匹配、数据收集与提炼,以及低延时智能算法等能力的构筑,进行实时的数据分析与低延时的智能推断。

(2)网络层面,重点在于两个转变,即由以场景为中心的运维转变为以网元为中心的运维,以及从单纯的网络管理到管理控制的全面融合,这个转变可以获得预测、智能识别等能力,实现移动网络自动化管理和控制。

(3)云端层面,聚焦智能模型和训练能力,培育新一代智能化服务。未来,全球化的网络自动化管理经验,将为运营商提供 AI 模型开发与训练服务,持续开发新 AI 服务和升级 AI 模型服务,提供在线的 AaaS(AI as a Service)。

自动驾驶的概念来自地面交通,按照国际自动机工程师学会(SAE International)的定义,物理世界的自动驾驶分为六级,如表 1.1 所示。汪涛在全球移动宽带论坛上展示了面向移动宽带的网络管理“自动驾驶”,同样是从 L0 到 L5 级。

表 1.1　物理世界的自动驾驶等级

等级	划分标准
L0	车辆能够完全被驾驶员控制
L1	有些情况下自动驾驶系统能起到辅助驾驶员完成驾驶任务的作用
L2	自动驾驶系统能独立完成某些驾驶任务,但须保证在出现紧急情况时驾驶员能随时接管且驾驶环境需要驾驶员实施监管
L3	自动系统既能完成某些驾驶任务,也能在某些情况下监控驾驶环境,但当自动系统发出请求时驾驶员必须能够重新取得驾驶控制权
L4	在某些环境和特定条件下,自动系统能够完成驾驶任务并监控驾驶环境
L5	自动系统在所有条件下能完成所有的驾驶任务

目前的第三次人工智能浪潮基于机器学习、深度学习,而支撑两者的是算力、算法和数据这三大要素。算法相对而言迭代不多,算力和数据规模就成为决定 AI 竞争力的决定性因素,华为在两个方面都有其优势。算力方面,2019 年 10 月,华为在全联接大会(HUAWEI CONNECT)上发布了其人工智能的发展战略——打造全栈全场景的普惠 AI,普惠二字就来自其自研的 AI 芯片和相关的软硬件方案,让华为有更经济的手

段提供算力。而数据方面则来自于实践,华为服务的全球 400 多家电信运营商,拥有 150 多张电信网络的运维经验,除了在服务这些网络建设过程中沉淀的专家能力,能够让华为更好地定义各种应用场景之外,其内含的各种数据,应该是其实现网络"自动驾驶"的基础所在。这样一来,用华为无线网络营销部部长周跃峰的话来说,融合了人工智能的 5G 网络管理是实现 5G 网络下千变万化的应用场景自动配置的关键和基石。

1.5.4 寻找 5G 商业模式:消除顾虑的第一推动力

不过,单纯降低复杂度、降低建设网络的技术风险,只能打消运营商的一半顾虑,另一半问题则是更为重要的投资回报率问题。电信运营商也是商业公司,为投入千百亿资金规模的 5G 网络找到合适的商业模式,是建设 5G 网络的第一推动力。

ITU 国际电信联盟在其《5G 概念白皮书》中给出了 5G 的三大应用场景:增强型移动宽带(eMBB)、超高可靠低延时通信(URLLC)、海量机器类通信(mMTC)。在伦敦举行的全球移动宽带论坛会议上,华为和不少运营商都认同,增强高速移动宽带服务是 5G 部署伊始的杀手级应用方向所在。

华为公司轮值董事长徐直军在 2018 年世界移动大会上曾提出,4G 网络没有完全匹配当前消费的需求。他以国内某运营商为例说明:"TOP 30 的经济发达的重点城市中,4G 网络用户平均体验速率从 2017 年初的 51 Mbps 下降了 60%,降至 20 Mbps,说明网络能力的提升落后于用户和业务的发展,而在目前中国某一线城市的热点区域,系统繁忙时用户的上行体验速率仅为 400 Kbps、下行体验速率也才 4 Mbps。发达地区热点区域的用户体验不佳已成为普遍问题。"

中国电信领域的代表性人物、GSMA 高级顾问、中国上市公司协会会长王建宙在"GSMA 北京创新论坛"上也提出同样观点,他认为 5G 的第一个需求方向就是增强型移动宽带(eMBB)。王建宙以中国为例指出,3G 之初,用户的月均流量为 200~300 M。4G 刚开通时,用户的月均流量达到了 1 GB。现在,全国三家运营商单用户平均月流量已经达到 5.6 GB,很快就会达到 10 GB。再往前发展,容量就不够了,虽然也可以用,但速率就下降了。如果要对 4G 扩容,那就不如用 5G。5G 的效率高,其第一个作用就是通过提高速率来扩容,让大家享受更快的网络速度。5G 不仅是电信业的热点,也是一个新的经济增长点,为社会带来更多发展机会。

视频内容毫无疑问是宽带资源消耗的主力军,华为则更具体地提出了 VR/AR 这个方向。周跃峰接受记者采访时表示,虽然现在谈到 VR/AR 是游戏,但是未来在教育领域、旅游领域都会有较好的应用前景。这个领域也是产业共识,在本届大会的帮助下,GSMA 举办了首届 Cloud AR/VR 峰会,宣布成立 Cloud AR/VR Forum,共同推动 5G 应用孵化和生态建设。

尽管围绕 5G 已经设想了很多商业模式,但不得不说,很少人敢确定 5G 的杀手级应用会出现在哪里。这是 3G/4G 带给人们的经验教训,当年很多专家学者,都没能预测到以 iPhone 为代表的智能手机,通过 App Store 这种方式,最终为 3G/4G 创造了海量应用场景。5G 时代,也可能出现"黑天鹅事件",让大家的预测完全失效。

宽带资本董事长田溯宁在"GSMA 北京创新论坛"的圆桌对话时也表示,在如今这个时代,设想出的商业模式没有经过实践的检验很难被各个行业所接收。电信领域应该有一个全新的实验室,不只有技术实验,还要有商业模式的实验室。某种程度上,两年前在日本举行的"全球移动宽带论坛"上,由胡厚崑宣布成立的无线应用场景实验室"X Labs"正是在这个方向上的尝试。"X Labs 将探索未来移动应用场景,推动商业和技术创新,建设开放的 5G 生态系统,"胡厚崑当时这样表示。

在数字化时代,随着技术迭代速度的不断增快,消费者的口味不断变化,对未来市场需求完全的、确定的、精确的预言,或许已经不会再有。华为创始人任正非对此有清醒的判断,未来华为做决策"方向大致正确"就可以,因为"产业方向和技术方向,我们不可能完全看得准,做到大致准确就很了不起"。具体在 5G 问题上,运营商也无法追求 100%的确定性。

历数四次工业革命,每一次的间隔时间都在缩短,技术正进入加速进化阶段,谁也无法在原地停留。事实证明,技术领域的竞争,是一场勇敢者的游戏,需要冒险精神,需要组织活力,需要快速迭代,最终水到渠成。GSMA 大中华区总裁斯寒曾认为,5G 未来不会局限于移动通信行业,而会成为社会通用的技术。这是一个充满不确定性的时代,这是一个虚拟和现实交错的世界,如果过分追求精确,很可能错失一个新通用技术带来的巨大机遇。

1.6 悲观论

1.6.1 5G 短期内无法取代 4G

当下对于 5G 的过度宣传,会使得人们容易从脱离实际与现实的角度去想问题。全球移动通信协会在 2018 年 9 月中旬发布的"2018 全球移动趋势报告"中指出,对于全球很多地区的移动通信网络运营商而言,在将来至少 10 年的时间之内,4G LTE 都将是其最基础和主流的网络;全球范围内,预计到 2025 年底,4G 连接数占所有移动通信连接总数的比例将高达 57%,5G 连接数占所有移动通信连接总数的比例将达 15%——即使在 2025 年以后 5G 的这一比值将有所增长,但是 5G 仍将长期是 4G 网络的"补充"而不是"替代/取代"。

该报告进一步指出,虽然预计到 2025 年,全球的 5G 连接数将可达 13.6 亿个,但是实际上,其驱动力仅来自中国、美国、韩国、日本等少数几个国家;而且预计在这些少数国家,5G 渗透率的增长,均不及当初 4G 渗透率增长得那么快;4G LTE 网络的速率也在不断提高,比如千兆 LTE 已可达 1.5 Gbps 的下行速率。该报告指出,4G 网络的提速将使得在没有出现只有 5G 才能完成的新业务之前,5G 对消费者们的吸引力降低;另外移动网络运营商们在做出"进行全国范围 5G 商用网络建设"这一承诺之前,都将会对 5G 网络建设开支进行严谨的管理并严格地监测相关的投资回报情况。

2018 年 6 月 13 日召开的"中国光网络研讨会"上,工信部通信科技委常务副主任、中国电信科技委主任韦乐平作开幕式主题报告时,提出了一个很新鲜的观点:5G 若找不到撒手锏业务形成新的增长点,行业发展将不可持续。

1.6.2 5G 之局

移动通信经过四代的发展之后,人们似乎得到一个规律,就是单数代不太成功,而偶数代很成功。例如 1G 和 3G,都是由新的需求促成的,但是技术并不太好,而 2G 和 4G 在原有的需求基础上,改进了技术,从而很成功。1G 和 3G 虽然不太成功,但也不能说是失败,毕竟他们是满足新需求的唯一技术。按照杨学志老师的观点,到了 5G,需求是虚构的,技术上并没有进步,所以必然是要失败的。

首先,5G 的覆盖会是一个潜在的问题。众所周知,移动通信的根本价值在于实现任何时间、任何地点的连接能力,在此基础上提高网络容量。如果没有覆盖这个前提,只是在局部实现高速率是没有商业价值的。比如说大家一直谈论的可见光通信 LiFi,因为覆盖小只能服务光源能够照射到的两三个人,在可见光被遮挡的阴影区域,LiFi 就无法保持正常通信了。这个问题对毫米波、太赫兹都是如此。

其次,网络需要扩容,但不一定要 5G 才能实现。将来随着用户渗透率的提高、流量资费的下降,数据量每年增长 30% 的情况还会持续很多年。因此移动网络还需要扩容。移动通信正确的发展方向是,保证连续覆盖的情况下以低成本提高网络容量,这是 2G 和 4G 成功的模式。但是 5G 偏离了这种模式,走向了错误的方向,杨老师指出这背后的三个原因。

1)通信原理的创新遇到了瓶颈

通信技术已经发展百年,因为其战略地位和创造财富的能力,全球最强智力投入其中,创新早就发掘完了。用于 Turbo 码解码的 BCJR 算法是 19 世纪 70 年代发明的。2009 年,随着 Turbo、LDPC、Polar、OFDM 和 MIMO 等领域的发展并且逼近理论极限,学术界普遍感觉到物理层无法再创新了。

2)半导体工艺获得了爆炸性的发展

大家手上的 U 盘,从 10 年前 128M 内存变成了现在的 128G。在通信原理无法获得突破的情况下,自然地走上了利用强大的算力实现高速率的道路。高算力使得采用更宽的频带、更多的天线成为可能,在通信原理不变的情况下,通过高算力使得速率迅速提升 1000 倍是很简单的事情。华为早已研制出速率达到 115 Gbps 的样机了。我国也启动了 6G 研究,速度预计比 5G 快 10 倍,也是速率迅速提升的体现。

3)无线产业决策链太长

移动通信产业有着与其他产业不同的特点。一般的产业都是研发产品上市、获得反馈并逐步改进的快速迭代的过程,而移动通信产业需要在什么还没有之前,大家共同商定一个标准,然后按照这个标准做产品。何时启动一代通信标准是战略决策,是由政治领导人和商业领导人来做出的。其中除了技术,还有巨大的利益博弈。行业认同的宏观规律是十年一代,时间一到,各方力量合力推动,就动手干了。即使实际上不能干,也得创造条件干。所以我们看到 5G 出现了很多罕见的技术,如全双工、毫米波技术,现在可见光、太赫兹技术也要上场了。一代移动通信标准一旦启动,到产品上市之前,所有的参与者都投入了巨大的成本。鉴于通信产业的战略地位,政府意志也为之背书。大家都绑在这个战车上,即使有问题,在碰到南墙之前是不会停下来的。

所以,5G 的发展确实存在很多问题,不光是华为等设备制造商的问题,也是国家面临的决策问题。随着商用的日益迫近,5G 的问题会逐渐暴露出来,比如近年 ATT 的 5G 造假,韩国 5G 被指无用,澳大利亚未能按计划推出 5G 服务等。"我们需要保持清醒的判断,要有自己的主见"。

1.7　5G 的发展预测

1.7.1　未来五年的 5G 新空口需求达到万亿

2019 年 1 月，Dell'Oro 发布最新的预测报告预计，运营商对于 5G 新空口的强劲需求将推动未来 5 年内（2019～2023 年）全球移动通信无线网（RAN）市场接近 1600 亿美元（约合人民币 1.0884 万亿元，按最新汇率）。

在移动通信无线网设备的全球市场收入连续 3 年下降后，开始在 2018 年扭转态势、加速发展，Dell'Oro 预计整个市场在 2019～2023 年间将以 2%的年均复合增长率增长。

Dell'Oro 指出，相比于此前的预测，把对于 5G 新空口无线市场的预期往上调了，并把对于 LTE 无线市场的预期往下调了——这是由于 2018 年以来，5G 发展的实际势头比先前预测的要大。Dell'Oro 预测，5G 新空口将以比 LTE 更快的速度部署和扩展，而且，到 2023 年，5G 新空口将占到整个移动通信市场的大部分。Dell'Oro 认为，主要的增长驱动力包括：

（1）移动宽带（MBB）应用的强劲数据流量增长已经向 5G 快速迁移。Dell'Oro 的这份最新报告称，虽然没有去展望 MBB 应用向 5G 的转变将提升运营商在整个 5G 周期内的累积资本支出/收入比率，但短期内会有一些偏差，特别是在中国。

（2）新的资本支出——用于部署物联网、固定无线接入（FWA）、室内（数字化）覆盖网络、公共安全网络（包括基于专网和公网的公共安全应用），将在 2023 年占据移动通信无线网市场的"两位数份额"。

（3）转向有源天线（应该是指 AAU，Active Access Unit，使用了 Massive MIMO 天线，把资本支出从天线到移动通信无线网市场）。

而且，Dell'Oro 认为，机遇和风险"大致平衡"。上行方面是垂直应用（比如物联网 IoT、"5G＋行业"等）的资本流入超出预期；由"地缘政治不确定性增大"造成的"设备商动态变化"导致"价格压力降低"。下行风险包括经济衰退的可能性增加，运营商对 Cloud-RAN（云无线接入网）的大规模采用而导致的价格下行压力超出预期。

区域方面，Dell'Oro 预计，在 2019～2023 年，亚太地区（APAC）将以最快的速度增长，反映出中国移动通信无线网市场的强劲增长；预计其他国家/地区的移动通信无线网市场增长将更加缓和；另外，Dell'Oro 预计，未来几年北美地区移动通信无线网市场的积极势头将占上风。Dell'Oro 还预计，基于 Sub-6GHz 频段的移动通信无线网，将占据整个移动通信无线网资本支出的最大份额，而"毫米波 5G"则仅仅占到很小一部分。此外，预计 2019～2023 年全球 Sub-6GHz 频段 Massive MIMO 收/发器的出货量将超过 2 亿。

"即使 5G 在早期商用只是另一个新一代的移动通信，但现实情况是，对于拥有一定频谱资产的移动通信运营商来说，Sub-6GHz 中频段 Massive MIMO 技术的使用对于 5G 的 eMBB（增强型移动宽带）用例来说非常具有吸引力。与此同时，目前我们对于毫米波'5G 的机会'相比 4 年之前更加乐观。"Dell'Oro Group 分析师 Stefan Pongratz 表示。

Dell'Oro 认为,下列 3 个条件同时满足后,5G 新空口将以比 LTE 更快的速度部署和扩展。

(1) eMBB 方面的 5G 业务案例能够具有吸引力。

(2)"5G 中频段频谱对于运营商而言具有'可用性'"所花的时间,要比以前在 3G 到 4G 过渡期间 LTE 频谱具有可用性所花的时间更短。

(3) 新的"动态频谱共享"技术将简化从 LTE 到 5G 的迁移。

1.7.2　中国将跻身 5G 商用第一阵营

2019 年 1 月底,全球移动通信设备供应商协会(GSA)发布的最新报告显示,全球已经有 83 个国家的 201 家移动通信运营商对 5G 进行投资——包括 5G 商用、展示、测试或试商用,或已获得许可进行 5G 技术的现场试验。其中,已有 11 家运营商推出了 5G 商用服务,不过都受到地理可用性、设备可用性、客户类型与数量的限制。另外还有 7 家运营商已经开通了 5G 基站但尚未推出商业服务。

截至目前,在进行 5G 投资活动的 201 家运营商中,发布了有限 5G 商用服务的占 2%、部署了 5G 网络的占 4%、正在部署 5G 网络的占 15%。不过,大多数尚处于 5G 技术测试与网络试验阶段,占比为 54%。

2018 年 8 月,进行 5G 投资活动的运营商有 154 家。从 2018 年 8 月至 2019 年 1 月,短短几个月时间里,增长了 30.52%,达到 201 家。

从上述内容可以看出:一是越来越多的运营商对于 5G 的热情在增大;二是 5G 的商用仍然处于非常初级的阶段,离"规模商用"还有较大的距离。

这份报告依据截至 2019 年 1 月的数据预测,中国将有望在 2019 年开始早期的 5G 商用并进入"全球 5G 商用第一阵营"。事实也的确如此。

1.7.3　我国进入 5G 商用攻坚关键期

国内三大运营商均提出"2019 年 5G 预商用,2020 年 5G 规模商用"的发展目标。在 2019 年 1 月 29 日召开的"2018 年工业通信业发展情况新闻发布会"上,工信部信息通信发展司司长闻库介绍,5G 系统设备产品已基本达到了预商用的水平,有望在 2019 年年中出现比较好的 5G 商用终端(手机)。闻库说,"接下来将进一步落实中央经济工作会议的精神,与全球产业界一同努力,共同推动建设完善的 5G 的芯片和终端,加快 5G 网络的建设进程,加大 5G 应用的推进力度,争取让广大用户早日用上 5G 终端,享受 5G 各类应用。"这里闻司长所说的"中央经济工作会议的精神",是指 2018 年底召开的中央经济工作会议,该会议正式提出了把"加快 5G 商用步伐"作为 2019 年经济工作的重点任务之一。

这一目标的提出与实现,是具有一定的现实基础的。工信部于 2018 年 12 月初向三大运营商发布 5G 频率,这标志着"我国正式进入 5G 商用攻坚关键期"。其后,各方都迅速发起了"攻坚战"。

2018 年 12 月中旬,工信部印发《3000~5000MHz 频段第五代移动通信基站与卫星地球站等无线电台(站)干扰协调管理办法》,这为保障我国 5G 系统的健康发展奠定了重要基础,截至目前,已经有部分省份完成了相关核查工作。

2019 年 1 月 23 日,我国 5G 推进组宣布,5G 技术研发试验第三阶段基本完成,5G

基站与核心网设备已达到预商用要求,并向成功完成测试的中国信息通信科技集团有限公司(简称中国信科)、大唐移动通信设备有限公司(简称大唐移动)等企业颁发"中国5G 技术研发试验第三阶段测试证书"。

2019 年 1 月 29 日,国家发改委、工信部等 10 部委联合发文,提出"扩大升级信息消费",并具体明确给出三大举措,其中的第一大举措就是"加快推出 5G 商用牌照"。这表明,"5G 商用"之于"信息消费升级"乃至"经济高质量发展"的"大门"即将开启。

从 2019 年 1 月部分省份的政府工作报告看来,越来越多的地方政府表现出对快速部署 5G 网络、建设数字化转型关键基础设施非常高的积极性。例如上海市政府工作报告提出"2019 年大力推进 5G 网络建设",浙江省政府工作报告提出"2019 将率先开展 5G 商用",海南省政府工作报告提出"2019 加快 5G 网络规模化部署和商业化应用",广东省政府工作报告提出"2019 在珠三角城市群启动 5G 网络部署,加快 5G 商用步伐"。

综上判断,2019 年成为 5G(预)商用元年,三大运营商将在部分城市开始建设 5G 精品网络。

建设 5G 精品网络,并提供能够很好体现 5G 新空口"大带宽、低延时、高可靠"能力的创新型应用,都需要设备商提供强有力的支撑。4G 花费了近五年的时间从标准成熟到产业成熟,而 5G 仅花了不到两年的时间完成了从标准完成到目标商用。在如此艰难的挑战下,我国移动通信领域的核心企业勇挑重担,基于此前在 3G、4G 发展中积累的丰富经验,已经在 5G 关键技术、标准化、产业推进、生态构建等方面取得了诸多突出成果,为 5G 商用落地奠定了基础;并联合产业链,共同推动 5G 商用进程,全力迎接 5G 商用建设的到来。

1.8 小结

5G 可以提供的通信速度和超大容量都是以往的移动通信系统不可比拟的,基于5G 的应用给我们的学习、教育、医疗、工作、娱乐带来巨大的变化,一系列核心应用例如高速网络直播、高清视频直播、AR/VR、超低延时互动、智能应用、远程医疗、智慧家居、个性化教育、无人驾驶等,都有了新的突破和预期。与此同时,我们也看到越先进的技术就越复杂,5G 的建设需要强大的毫米波、波束成形、边缘计算等技术来支撑。虽然仍有人对 5G 的发展持有悲观态度,但是并不妨碍对 5G 巨大的需求量的预测,而我国将是实现 5G 普及的关键。

1.9 习题

(1) 有线通信和无线通信的最主要的区别在哪里?

(2) 移动通信的 1G 到 5G 指的是什么?

(3) 3G 到 5G 的数据传输速率上有什么样的不同?

(4) 为什么说 5G 能够改变社会?那么 4G 和 3G 都改变的是什么?

(5) 5G 支持什么样的通信场景?

(6) 为什么说 5G 能够做到让万物互联?

(7) 为什么说传输 4K 视频只有 5G 才可能做到？

(8) 5G 网络的容量预计要支持每平方公里多少设备连入网络？

(9) 为什么说 AR 和 VR 需要依靠 5G 才能得到显著的进步？5G 是如何支持 AR 和 VR 的？

(10) 5G 网络里，端到端的延时指标是多少？

(11) 5G 哪些功能能使远程医疗成为现实？

(12) 设想一下，在 5G 的支持下，智能家居可以达到什么样的效果？

(13) 5G 将颠覆传统教育，那么 5G 支持下的教育会是什么样的？

(14) 真正的无人驾驶是需要 5G 的，为什么这样说？5G 会为现在的无人驾驶带来什么样的革新？

(15) 美国政府执着于首先掌握 5G 技术的原因是什么？掌握了领先的 5G 技术，能够在哪些方面形成国防优势？

(16) 简述 5G 使用的关键技术。

(17) 关于波束成形技术，它需要什么样的硬件条件才能实现？

(18) 为什么波束可以做到成形？采用的是什么样的物理原理？

(19) 为什么说波束可以达到减少干扰的目的？

(20) 解释"容量＝带宽×频谱效率×小区数量"这个公式的含义。

(21) 5G 计划使用的毫米波波段包括哪些频段？

(22) 为什么毫米波能够带来大的带宽？计算的基本原理是什么样的？

(23) 5G 小基站的体积大概是多少？5G 网络和 4G 网络在基站部署上有什么不同？

(24) 全双工技术是指什么？为什么全双工技术可以提高容量？它能够改善的是这个公式里的哪个因素："容量＝带宽×频谱效率×小区数量"？

(25) 要实现全双工技术需要克服哪些关键问题？

(26) 如何理解 5G 是场技术革命，又如何理解 5G 是场产业革命？

(27) 5G 是怎样推动工业革命 4.0 的？如何从世界的维度来理解 5G 对工业革命的改变？如何从"平台"来理解？

(28) 5G 的复杂度体现在哪些方面？挑战在哪里？

(29) 5G 是一个技术融合体，如何理解？

(30) 解决 5G 复杂问题的方案可能会是什么？

(31) 让 5G"自动驾驶"，需要在哪些方面进行智能化的改革？

2 无线通信的历史

本章里我们将重点回顾无线通信的发展历史。为了能够让读者更加全面地了解无线通信技术与系统发展的过程,我们把本章内容分成几个并行的路线来展开,其中包括电磁理论的发展历史、无线器件与设备的发展历史、移动互联网的发展历史,以及无线通信产业架构的发展历史。通过本章的阅读和学习,相信读者能够将一百多年前逐步建立的电磁学理论,核心技术的突破,以及产业化、商业化的实践经验融会贯通,从而对当今乃至未来通信技术的发展有一个更理性的认识。

2.1 电磁理论的发展历史

我们首先回顾过去,看看无线通信系统所依赖的理论基础——电磁理论的发展历史。

2.1.1 库仑——静电力

1736 年 6 月 14 日,查利·奥古斯丁·库仑出生于法国昂古莱姆。库仑家境富裕,从小接受优质教育。成年的库仑在离开巴黎军事工程学院后,被西印度马提尼克皇家工程公司招收,八年后他离开工作岗位参军。此时的库仑就已投入到工程力学和静力学问题的研究之中。

有着多年的军事建筑工作经验的库仑,在 1773 年发表了有关材料强度的论文。此篇文章中,库仑提出的计算物体应力和应变分布的方法作为结构工程的理论基础,一直沿用至今。1777 年法国科学院有奖征求改良航海指南针中的磁针的方法。库仑提出用细头发丝或丝线悬挂磁针以减小磁针的摩擦,同时他对磁力进行深入细致的研究,观察了温度对磁体性质的影响。他研究发现线扭转时的扭力和针转过的角度成比例关系,从而能够利用该设备算出静电力或磁力的大小,由此,他发明了能以极高的精度测出非常小的力的扭秤。为了奖励库仑在指南针设计以及普通机械理论上做出的贡献,1782 年他当选为法国科学院院士。彼时的库仑已为人所熟知,但他却依旧在军队中服务以维持良好的科研条件。

1785 年,库仑用自己发明的扭秤创建了静电学著名定律——库仑定律。同年,他给法国科学院发出了一篇名为《电力定律》的论文,其中他对自己的实验设备、实验过程及结果进行了详细的描述。

最终库仑发现了真空中两个点电荷之间的相互作用力与两点电荷所带的电量及它们之间的距离的定量关系,这就是静电学中的库仑定律,即两电荷间的力与两电荷的乘积成正比,与两者的距离平方成反比。

库仑定律是电学发展史上的第一个定量规律,它改写了以往定性研究电学的历史。此后,为纪念库仑的成就,以他的名字命名电荷的单位。

2.1.2 奥斯特——电会生磁

1820 年 4 月的一天,丹麦科学家奥斯特(Hans Christian Oersted,1777—1851)在课堂演示实验中,在搭建实验仪器时发现,当他把电线接到电池两端接通电流的时候,旁边的一个磁针偏离了正常的磁北极。小磁针只有很轻微的变化,课堂上的学生都没有注意到。但是,这一轻微的现象对于奥斯特来说是很显著的。他非常兴奋,紧紧抓住这个现象,接连三个月深入地研究,并于同年 7 月发表了一篇单行本的论文,描述了电和磁之间的密切关系,定性地阐述了电流可以产生磁力。

奥斯特所做的实验用了 20 个铜板组成的伏打电堆,电动势为 15～20 V。他试验过各种种类的电线,都能发现磁针的偏转。当反向接通电流时,他发现磁针偏转方向也会相反。实验中,他考查过磁针的各种取向和电流方向的关系;他还注意到,这种效应不能被木材或玻璃等材料屏蔽。

奥斯特的这篇论文引起了轰动,一些人开始研究这一新发现背后的电和磁之间的定量联系。法国物理学家安培给出了一个数学定律,用来描述电流之间的磁力。在奥斯特发现电流磁效应十年之后,英国科学家法拉第又发现了奥斯特发现的逆现象——变化的磁场产生电场。在法拉第的工作之后,麦克斯韦写出了麦克斯韦方程组,终于将电和磁完全统一了起来。

基于奥斯特的工作和后人的努力,我们知道了电流周围磁场方向满足安培定则,即右手螺旋定则,可以采用磁感线来精确描述磁场。在此基础上,进一步扩展到了环形电流的磁感线、通电螺线管的磁感线、条形磁体的磁感线、蹄形磁体的磁感线等更为复杂的电流分布,更为复杂的磁体所产生的磁感线,都得到了确认。

作为科学家,奥斯特认为科普非常重要,他曾经创办了自然科学传播协会(the Society for Dissemination of Natural Science),该协会的宗旨是使公众了解科学。1829年,奥斯特创建哥本哈根理工学院。他还是一个作家和诗人。他在其他科学领域也有建树,如在化学领域,1825 年他第一次生产出了铝。1851 年,奥斯特逝世。他在 1820年的发现是电磁学革命的开端,第一次把截然不同的物理现象联系了起来。

2.1.3 安培定律

法国科学界对 1820 年奥斯特发现电流有磁效应给予了高度的评价,称其揭示了磁性源于电流。安培提出"分子电流"的概念来解释永久磁铁的磁性,他通过实验得出确定载流导线中的电流相互作用力的大小和方向的法则。安培在 1825 年又根据电流元产生的磁场性质提出了安培环路定律。不同的是,安培有着更为深远的物理思想:在他看来,电流乃磁之本质,无数个小电流环有序排列成一个磁体,因此安培认为研究电流元之间的相互作用更为根本。安培定律确定了两个电流之间的相互作用及载流导体收到的磁力作用。

安培不仅发明了"电流"这个名词,还将正电荷流动的方向定为电流的方向。1820年,安培依据奥斯特的"电流的磁力效应"为基础进行实验,得到了三项结果:第一,在两个电流距离相近、强度相等且方向相反的情况下,它们之间产生的作用力能够相互抵消;第二,诸多小段的电流能构成一段弯曲的导线,其作用恰好等于小段电流的矢量和;第三,同时增加载流导线的长度和作用距离倍数时,其作用恒定不变。1822年,安培经过定量分析,发现了安培定律,并于1826年推导出两电流之间作用力的公式。

安培的主要贡献归纳如下。

1)发现安培定则

安培受奥斯特的电流磁效应实验的影响,投入极大的精力对电、磁之间的关系进行实验研究,两周的实验他便得出了磁针转动方向和电流方向的关系服从右手定则的结论,此后这个定则被命名为安培定则。

2)探索电流的相互作用规律

不久后,他又提出了电流的一大规律:电流方向相同的两条平行载流导线互相吸引,电流方向相反的两条平行载流导线互相排斥,并进行了线圈间吸引、排斥的实验。

3)创造电流计

安培还发现,电流在线圈中流动的时候表现出来的磁性和磁铁相似,由此创制出第一个螺线管,在这个基础上发明了探测和量度电流的电流计。后来,人们为了纪念他在电磁学上的杰出贡献,用"安培"命名了电流的国际单位。安培,简称安,符号为A,其表明:在真空条件下,将相等的恒定电流通往两根距离1 m的平行长导线,若每根导线上所受作用力为2×10^{-7} N,则两根导线上的电流各为1 A。

4)分子电流假说的提出

安培基于运动的电荷产生磁这一观点,提出著名的分子电流假说。安培认为构成磁体的分子内部存在分子电流。由于这种环形电流的存在,小磁体构成磁分子,两侧有两个磁极。在一般情况下,磁体分子所产生的磁场能够相互抵消,因而不显示磁性。但在有了外界磁场作用力之后,仅有相邻的电流作用被抵消,而表面的磁场仍存在,由此显示出宏观磁性。不少学者的观点认为,在当时实验条件的限制下,无法对安培的分子电流假说进行验证,该假说或许有很大程度的主观臆测,而如今的科研条件成熟,已经能证实安培的分子电流假说是实际存在的,这已成为认识磁性的理论依据。

5)总结了电流元之间的作用规律——安培定律

安培设计了电流相互作用的相关实验,运用数学技巧总结出安培定律,安培定律描述的是两电流元之间的相互作用同两电流元的大小、间距以及相对取向之间的关系。安培第一个把研究动电的理论称为"电动力学",1827年安培撰写了电磁学史上一部至关重要的经典著作:《电动力学现象的数学理论》,并将他的电磁现象研究归纳于书中。

2.1.4　毕奥-萨伐尔定律

无独有偶,与安培同一时期,法国科学家毕奥(1774—1862)和萨伐尔(1791—1841)重复验证了奥斯特的实验,研究电流的磁场作用于磁针两端上力的大小和方向,推导出了相应的公式,后来人们称之为毕奥-萨伐尔定律(Biot-Savart Law),该定理描述的是电流元在空间某点所激发的磁场。

奥斯特经过实验验证了毕奥-萨伐尔定律,该研究证实长直载流导线能够产生对磁极的横向作用力。为了使这一定理具有普遍影响力,毕奥和萨伐尔提出电流元对磁极的作用力也是横向作用力。他们通过长直和弯折载流导线对磁极作用力的一系列实验研究,得出了作用力与距离和弯折角的关系,并在拉普拉斯的协助下,分析得出电流元对磁极作用力的规律。

依据近距离作用的观点,电流元产生磁场的规律能够用毕奥-萨伐尔定律作出解释。定律的文字描述:电流元在空间某点如 P 点产生的磁感应强度的大小与电流元的大小成正比,与电流元所处位置到 P 点的位置矢量和电流元之间的夹角的正弦值成正比,而与电流元到 P 点的距离的平方成反比。

毕奥于 1774 年 4 月 21 日出生于法国巴黎,是法国物理学家,他一生最大的成果源于对光的偏振现象的研究。1800 年,他成为法国一所大学的物理学教授。虽然毕奥比傅立叶年轻,但他比傅立叶更早对热传导问题进行研究,大概在 1802 年至 1803 年间就已开始。1804 年,毕奥根据平壁导热的实验,发表学术论文,提出了导热量正比于两侧温差、反比于壁厚的概念。傅立叶在阅读了这篇论文后,于 1807 年提出以分离变量法求解偏微分方程以及能用任意函数代表解的想法。毕奥对光的偏振现象尤为感兴趣,由于他的卓越成就,1840 年,他获得英国皇家学会授予的拉姆福德奖章。1862 年 2 月 3 日,他在巴黎逝世。为纪念毕奥,在传热学中有相应的毕奥数,定义为

$$B_i = \frac{\delta h}{\lambda}$$

毕奥数反映了物体的对流热阻与导热热阻的相对大小关系。

2.1.5 法拉第电磁感应定律

奥斯特发现了电流的磁效应后,法拉第(Michael Faraday,1791—1867)也进行了该方面的研究实验。在奥斯特看来,既然磁铁能够赋予靠近它的一块毫无磁性的铁块具有磁性,而静电荷也能使它近旁的导体产生电流,那么电流也应该能够使靠近它的线圈感应出电流。法拉第在 1822 年的日记中提到"把磁转变成电"的想法,此后法拉第投入巨大精力对该想法进行了实验验证,并在 1831 年的实验中发现电磁感应现象,第一次对随时间变化的电磁场进行研究。在距离奥斯特发现电流产生磁场后的 11 年,法拉第终于定性地验证了磁也会生电。法拉第同时代的德国物理学家诺伊曼(1798—1895)在 1845 年发表的论文中,首次给出了法拉第电磁感应定律的定量表达式。

2.1.6 法拉第提出电"场"和磁"场"的概念

法拉第在 1837 年发现电介质对静电过程具有影响,由此他提出了以近距"邻接"作用为基础的静电感应理论。不久之后,他又进一步发现了抗磁性这一新现象。有了这些研究工作和发现的铺垫,法拉第形成了又一伟大思想:"电和磁的作用通过中间介质,从一个物体传到另一个物体"。于是,介质成了"场"的场所,而他也正式将"场"这一具有历史性的概念创立出来。磁场的形象表述可以采用磁力线,而电场的形象表述可以采用电力线。

2.1.7 莫尔斯发明了电报

1837 年,莫尔斯发明了电报,创造了莫尔斯电码,首次采用弱电来代表信息,由此

开始了通信的新纪元。在精通机械知识的艾尔弗雷德·维尔的帮助下,莫尔斯在 1837 年试制出第一架电磁式电报机。这架电报机的原理,是利用电磁感应(Electromagnetic induction)来操纵控制棒,这个控制棒的顶端装有记录头,当电路中通过电流脉冲时,电流产生的磁作用会使控制棒运动,这样就会使记录头触及纸带,使符号图形有顺序地留在纸带上。这架电报机于 1837 年 9 月 2 日在纽约大学展出,由莫尔斯亲自操作,这次展出获得了成功。

莫尔斯电报实验传送的距离只有 65 km,但它成功地开创了长距离通信联系的新时代。

2.1.8 麦克斯韦预言电磁波

1865 年,英国物理学家詹姆斯·麦克斯韦通过如下的两个假设,预言了电磁波的存在。

1)涡旋电场的存在

涡旋电场是由变化的磁场所产生,即变化的磁场在其周围也会激发一种电场,称为感应电场或涡旋电场。这种电场与静电场(由静止电荷所产生的电场)的共同点就是对点电荷有作用力(库仑力);而不同之处就在于这种电场不是由电荷所激发,而是由变化的磁场所激发;并且描述该电场线是闭合的,所以它不是保守场(所谓保守场如重力场、静电力场,该类场的性质是有心力场,对受力物体所做的功与路径无关,只与起点和终点有关)。

2)位移电流的存在

在电磁学里,位移电流(displacement current)定义为电动势(electromotive force)对于时间的变化率。位移电流的单位与电流的单位相同。如同真实的电流,位移电流也有一个伴随的磁场。但是,位移电流并不是移动的电荷所形成的电流;而是电动势对于时间的偏导数。

1861 年,麦克斯韦发表了论文《论物理力线》,文中正式提出了一个新概念——位移电流,同时,他将位移电流加入了安培定律,即如今的麦克斯韦-安培方程。在麦克斯韦 1864 年的论文《电磁场的动力学理论》里,他用这个麦克斯韦-安培方程推导出电磁波方程。由于这个结果可以将电学、磁学和光学联结成一个统一理论,这项创举现在已被物理学术界公认为物理学史的重大里程碑。

基于建立的电磁场与电磁波理论,位移电流对于电磁波的存在是必要的,麦克斯韦预言了电磁波的存在,即变化的磁场和变化的电场相互激发,进而在空间形成了传播的电磁波。

2.1.9 电磁场理论诞生

1865 年,麦克斯韦站在前人的肩膀上,总结出电磁波学说。麦克斯韦将这些理论的论证和推导结论整理成册,于 1873 年出版了科学名著《电磁学通论》,系统、全面、完整地阐述了电磁场理论,该理论此后成为经典物理学的重要支柱之一。麦克斯韦建立电磁理论最有力的数学思想,是从英国数学家哈密顿(1805—1865)四元数思想发展而来的。四元数是由爱尔兰数学家威廉·卢云·哈密顿在 1843 年创立的数学概念,是复数的延伸。若从多维实数空间考虑四元数的话,其就代表着一个四维空间。我们熟知的复数代表了二维空间。为了能够更好地描述现实中的空间位置,人们以复数为基础延伸出了四元数,以 a+bi+cj+dk 形式表示空间点的位置坐标。i、j、k 则是作为一种特殊的虚数单位参与运算,其运算规则具体如下:i^0=j^0=k^0=1,i^2=j^2=k^2=−1。i、j、k 自身的几何意义能够理解为一种旋转,其中 i 旋转代表 X 轴与 Y 轴相交平面中,X 轴正向向 Y 轴正向的旋转;j 旋转代表 Z 轴与 X 轴相交平面中,Z 轴正向向 X 轴正向的旋转;k 旋转代表 Y 轴与 Z 轴相交平面中,Y 轴正向向 Z 轴正向的旋转;−i、−j、−k 分别代表 i、j、k 旋转的反向旋转。麦克斯韦建立电磁理论的另一个数学思想,是由美国耶鲁大学数学物理教授吉布斯和英国学者赫维赛得创立的矢量分析。矢量可以准确描述既有大小、又有方向的物理量。矢量运算是反映物理本质的有力数学工具。

麦克斯韦是继法拉第之后集电磁学大成的伟大科学家,他在库仑、高斯、欧姆、毕奥、萨伐尔、法拉第等前人的一系列研究发现和成果的基础之上,第一个建立了完整的电磁理论体系。

2.1.10 电磁波方程(麦克斯韦方程组)

电磁波方程,即麦克斯韦方程组包含了如下四个方程。

(1)安培环路定理(全电流定律),该定律表述的是,真空中恒定磁场的磁感应强度沿任一闭合曲线的环量等于曲线包围的电流与真空磁导率的乘积。

(2)电磁感应定律,描述的是穿过线圈中的磁场变化时,导线中会产生感应电场。该定律表明,时变磁场可以产生电场。

(3)磁通连续定律,描述的是磁场线是处处闭合的,没有起点与终点。

(4)高斯定律,则描述真空中静电场的电场强度通过任一封闭曲面的电通等于该封闭曲面所包围的电量与真空介电常数之比。

麦克斯韦方程组可以联合得到如下的推论:时变电场是有旋有散的(即既有旋度又有散度),时变磁场是有旋无散的。但是,时变电磁场中的电场与磁场是不可分割的,因此,时变电磁场是有旋有散场。但是,在电荷及电流均不存在的无源区中,时变电磁场是有旋无散的。电场线与磁场线相互交链,自行闭合,从而在空间形成电磁波。此外,时变电场的方向与时变磁场的方向处处相互垂直。

2.1.11 最早的电磁波实验

最早的电磁波实验是德国物理学家赫兹在 1888 年进行的。赫兹通过实验探究发现电磁波和光一样,具有直线传播、反射和折射的现象。人们以赫兹的名字命名频率的单位来纪念他所做出的贡献。

2.2 无线器件与设备的发展史

2.2.1 最早的无线电装置

在杂志上读到过赫兹实验文章的意大利人马可尼,在 1895 年研制出了无线电装置,利用这一装置在相隔大约 3 km 远的距离之间进行了莫尔斯电码通信实验。他想到了要把无线通信产业化,就成立了一个无线电报与信号公司。尽管马可尼在无线通信领域获得了诸多成功,但由于与海底电缆公司的利益相冲突,他想在加拿大纽芬兰设立无线电报局的计划遭到了反对,最终没有成功。

2.2.2 最早的高频电磁波发生装置

从某种意义上来看,电报是一个单音(single-tone)的窄带系统,只能通过开关形成断续的声音,来传递信息;但是,电报也可以认为是一种数字形式的通信。如果传送的不是莫尔斯信号,而是人的语音,那么考虑到语音信号具有一定的带宽,原有的窄带系统则不再适用。为了传输具有一定宽带的信号,需要有承载该信号的载波。载波必须是高频波,这就意味着,为了能够把人的声音通过电磁波传得更远,就需要先发明能够产生高频电磁波的设置。

达德尔在高频电磁波发生装置的设计上先走出了一步,他尝试用线圈和电容器构成电路,虽说能够发生高频信号,但遗憾的是频率还达不到 50 kHz,电流也仅有 2~3 A。1903 年,荷兰的包鲁森突发奇想,采用酒精蒸气电弧设备放电,产生的频率达到了 1 MHz;此后彼得森改进了该装置使其输出功率达到 1 kW。但最有效的机械式高频发生装置诞生于德国,美国的尼古拉·特斯拉(Nikola Tesla)和雷金纳德·费森登(Reginald Fessenden),德国的戈尔德施米特等人开发出了用高频交流机产生高频波的方法,诸多科学家和工程师都曾致力于高频波发生器的研究。

2.2.3 最早的无线电话

高频信号发送装置和接收信号的检波器能够为无线电话传送语音及接受语音。1906 年,美国通用电气(GE)公司的亚历山德森研制了一款信号发生装置,能够发送 80 kHz 信号,并成功进行了无线电话试验。1913 年,加拿大的费森登设计的一款多差式接收装置获得了成功。

达德尔设计了一种新的收发方式,即采用包鲁森电弧发送器作为发送装置,使用电解检波器作为接收装置。该方式超越了当时噪声极大的火花振荡器而取得了成功,但投入使用不仅需要产生稳定的电波,还要接收噪声小,这些需求在电子管出现后才得到了满足。

2.2.4 电子管的发明:大功率高频信号发射与接收

1883 年,美国发明家爱迪生发现了从电灯泡的热丝上飞溅出来的电子能够把灯泡的一部分熏黑,尽管当时的爱迪生不知道该如何解释这个现象,但是他为这个现象申请了专利,并称这种效应为"爱迪生效应"。

1904 年,受爱迪生效应的启发,英国物理学家弗莱明发明了二极管,能够实现检波的作用。此后,弗莱明创造了世界上第一只电子管,为此他拥有了这项发明的专利权。人类首只电子管的诞生,标志着世界从此进入了电子时代。

1907 年,美国的李·德福雷斯特(Lee De Forest)研发出了三极管。三极管不仅能放大信号电压,还能在某些条件下产生稳定的高频信号。在进一步的改进之下,它还能产生短波、超短波等高频信号,并能够有效地控制电子流。

2.2.5 电子管(三极管)的内部结构

电子管(三极管)有阴极、栅极和阳极,简单介绍如下。

1) 阴极

电子管的阴极包括氧化物阴极和碳化钍钨阴极,其作用是放射电子。一般来说,氧化物阴极是旁热式的,它是利用专门的灯丝对涂有氧化钡的阴极体加热,进行热电子放射,使用寿命一般在 1000~3000 h。碳化钍钨阴极一般是直热式的,通过加热即可产生热电子放射,所以它既是灯丝又是阴极。

钍是一种刚灰色、质地柔软、化学性质活泼的放射性金属元素,经过中子轰击,可得铀-233,因此它是潜在的核燃料。钍广泛分布在地壳中,是一种十分有前景的能源材料。与氧化物阴极相比,钨阴极寿命较长,一般处于 2000~10000 h。通常情况下,氧化物阴极仅应用于输出功率小于 1 kW 的发射管,而碳化钍钨阴极在大功率发射管中应用最为广泛。

近年来,用圆筒状细钍钨丝制成的网状阴极的大功率发射管应用较多,具有如下多方面优点。

(1) 由于它用很多根钍钨丝制成,也称作钍钨电极,而这种钨电极有低级别的放射性危害,许多用户已改用其他选择。在大多数情况下,2%的钍钨电极运作最为良好,逸出功极低,且在过载电压下也能良好运作。钍钨电极的性能甚至在很多方面较之纯钨电极更优良。氧化钍提供比纯钨高出 20%左右的载流能力,一般使用寿命更长,更有助于阻止焊接时候的污染。使用钍钨电极,电弧起弧更容易,而且电弧比纯钨电极或锆钨电极更稳定。

钍钨电极通常用于直流负极,或者碳钢、不锈钢、镍合金、钛合金等材料制作的正极。它们的使用性能好,即使在超负荷的电流下也能很好地焊接。

中国是目前国际上唯一生产放射性钍钨电极的国家。由于在生产和使用中均有不同程度的放射性污染,钍钨电极退出历史舞台是迟早的事。目前使用量排名第二的是铈钨电极,它没有放射性污染,属于绿色环保产品,仅用很小的电流就可轻松起弧,而且维弧电流也比较小。在低电流直流的条件下,铈钨电极备受欢迎。但是它不如钍钨耐烧,耗损较快,投入的成本较高。

目前最适合替代钍钨电极的,是镧钨电极,在使用中小电流时,镧钨电极的电弧性能和耐烧损性能比钍钨电极都有提高。而且镧钨电极没有放射性,耐用电流高而烧损率最小,所以导流系数较大。除了钍钨电极以外,镧钨电极是性能最好,同时没有放射性的电极。在目前的技术条件下,这是最适合的。它具有与钍钨电极最相近的性能。

(2) 钍钨丝网状阴极存在较小的阴栅间距,易于提高跨导。

(3) 其网状结构灯丝中单根灯丝产生的电流较小,因而局部磁场弱,阴极电流产生的交流声也小。

2) 栅极

依据栅极在三极管中产生的作用划分,分为一栅、二栅,或称为控制栅、帘栅。一栅栅极用于控制阴极电流,二栅栅极用于屏蔽板极对一栅栅极的影响。栅极结构关系到机械强度、散热效果以及三极管稳定性。不到 1 mm 的栅间距能够以最大限度降低电子的渡越时间,同时厂商多采用机械强度高、导热系数高、辐射系数高以及熔点高的材料来做栅极,避免在很小的间距下发生热碰极。

3）阳极

阳极在三极管中的作用是储存阴极发射出的电极。电子管在运作时会撞击板极表面,以及其他电极的热辐射,而产生大量热能,但由于板极耗散功率密度较小,无法有效散热冷却,因而强制冷却方式是最好的选择。常见的强制冷却方式有风冷、水冷和蒸发冷却等几种。

目前市场上的电子管钟表,能够显示出数字出来,即把阴极做成不同数字的形状,从而显示出来的。

2.2.6　晶体管

晶体管是由半导体组成的固体电子元件,具有导电性能的导体材料有金银铜铁等,完全没有导电性能的绝缘体材料有木材、玻璃、陶瓷、云母等,而半导体则是导电性能介于导体和绝缘体之间的物质,常见的有锗和硅两种。晶体管就是用半导体材料制成的电子元件。

人们对半导体的开发和关注一直到19世纪末才显现,但令人惋惜的是它的价值当时未被发现。二战时期,逐渐成熟的雷达技术以及微波矿石检波器等半导体用具在军事上发挥了重要作用,人们才逐渐关注半导体的价值,许多科学家都投入到半导体的深入研究中。

1947年12月16日,威廉·肖克利(William Shockley)、约翰·巴丁(John Bardeen)和沃特·布拉顿(Walter Brattain)在贝尔实验室成功发明了第一颗晶体管。因为它具有三个支点,因而被称为“三条腿的魔术师”。晶体管的发明开创了全新的固体电子技术时代。他们三人也因研究半导体及发现晶体管效应而共同荣获1956年的诺贝尔物理学奖。

1. 晶体管超越电子管的优势

(1)晶体管的构件无消耗,但电子管无论其性能如何优良,由于阴极原子变化及慢性漏气等问题都会使它老化,但晶体管克服了这一限制,其寿命比一般电子管长100到1000倍,称得上永久性器件的美名。

(2)电子消耗极少。不像电子管需要加热灯丝以产生自由电子,晶体管消耗电子仅为电子管的十分之一甚至几十分之一。举个最简单的例子,数节干电池就能维持一台晶体管收音机半年甚至一年的运作,而电子管收音机几乎做不到这点。

(3)无需预热,开机即能运作。晶体管的收音机、电视机一开机就有声音和画面,而电子管的设备开机后声音和画面总是延迟,因而在军事、测量、记录等应用领域晶体管具有极大优势。

(4)晶体管结实可靠,耐冲击、耐振动;晶体管的体积仅是电子管的百分之一到十分之一;释热少,适于设计小型、复杂、可靠的电路。虽说晶体管的制造方法精细,但工序简便,有利于提高元器件的安装密度。

晶体管一系列优越的性能推动其在工农业生产、国防建设以及人们日常生活领域得到广泛应用。1953年,首批投放的电池式晶体管收音机大获成功。此后,各大厂商开始了短波晶体管制造的角逐。不久后,无线式袖珍“晶体管收音机”引领了一个新的世界消费潮流。

硅晶体管因其耐高温而受到电子工业领域的热烈欢迎。从 1967 年以来,电子设备如影视摄像机若非"晶体管化",那么销量一定不理想。那个年代,小到轻便收发机,大到车载大型发射机都晶体管化了。

2. 晶体管的用途

包括制作开关、探测器、传感器等,如图 2.1 所示。

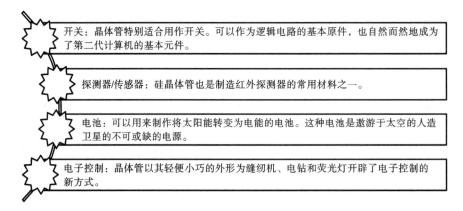

开关: 晶体管特别适合用作开关。可以作为逻辑电路的基本原件,也自然而然地成为了第二代计算机的基本元件。

探测器/传感器: 硅晶体管也是制造红外探测器的常用材料之一。

电池: 可以用来制作将太阳能转变为电能的电池。这种电池是邀游于太空的人造卫星的不可或缺的电源。

电子控制: 晶体管以其轻便小巧的外形为缝纫机、电钻和荧光灯开辟了电子控制的新方式。

图 2.1 晶体管的用途

从 1950 年至 1960 年,世界主要工业国家投入了巨额资金,用于研究、开发与生产晶体管和半导体器件。比如,纯净的锗或硅半导体,加入少量杂质能够提高其导电性能,但杂质的掺入则需要高超的技术。美国政府为了攻克这项技术难关,投入数百万美元进行研究。在这片资金肥沃的土壤里,不久便研发出了这种高熔点材料的提纯、熔炼和扩散的技术。

2.2.7 电子学的诞生与发展

自从 1904 年真空二极管及三极管相继问世以来,电子学这一新兴学科迅速崛起。但电子学真正取得进步,还是在晶体管出现之后才开始的。尤其是 PN 结型晶体管的出现,开辟了电子器件的新纪元,引起了一场电子技术的革命。仅在十余年之中,晶体管凭借自身优势,以其不可阻挡之势取代了电子管龙头老大的地位,一跃成为电子工业界的佼佼者。

电子管的诞生使电子设备产生了翻天覆地的变化,极大地改变了现代电子技术的基础条件。不过电子管因其易碎性、高耗电性以及低可靠性等方面的劣势而被晶体管所取代。

但是,电子技术领域日新月异的发展需求并非单个晶体管所能满足的。随着电子产品和电子器件的日趋复杂,稍有不慎,极易发生故障和事故。比如第二次世界大战末出现的 B29 轰炸机上装有 1000 个电子管和 1 万多个无线电元件。电子计算机就更不用说了。1960 年上市的通用型号计算机有 10 万个二极管和 2.4 万个晶体管。极为复杂的电子器件中或许有百万个晶体管,一个晶体管有三个支点,复杂一些的设备就可能有数百万个焊接点。因此,为保证设备的可靠性和安全性,人们还需要缩小其体积和重量。

人们在电子工业界投入了巨大的人力、物力和财力,以求实现电子设备更小的外形与更加稳定的性能。

2.2.8 集成电路-摩尔定律-微电子技术

1957年,苏联成功发射了第一颗人造卫星。这一震惊世界的消息引起了美国朝野的极大震动,它严重挫伤了美国人的自尊心和优越感,发达的空间技术是建立在先进的电子技术基础上的。为夺得空间科技的领先地位,美国政府于1958年成立了国家航空和宇航局,负责军事和宇航研究,为实现电子设备的小型化和轻量化,他们投入的经费是天文数字。就是在这种激烈的军备竞赛的刺激下,及已有的晶体管技术的基础上,万众瞩目的集成电路诞生了。

在一块几平方毫米的半导体晶片上,连接了成千上万的晶体管、电阻、电容,包括连接线,使其相互连接共同运作。它是材料、元件、晶体管三位一体的有机结合。

若无晶体管技术也不会有集成电路的问世。本质上,集成电路是最先进的晶体外延平面晶体制造工艺的延续。集成电路设想的提出,同晶体管密切相关。

英国皇家雷达研究所科学家达默首先提出了集成电路的思想,在1952年度的一次会议上他曾指出:"随着晶体管的出现和对半导体的全面研究,现在似乎可以想象,未来电子设备是一种没有连接线的固体组件。"达默的设想虽然并未付诸实现,但他为人们的深入研究指明了方向。

美国人基尔比(Jack Kilby)跟随达默的脚步,走上了研究"固体组件"(固体半导体方向)这条崎岖的小路。基尔比毕业于伊利诺伊大学电机工程系。1952年一个偶然机会,基尔比参加了贝尔实验室的晶体管讲座,富于创造性的基尔比一下子就被晶体管这个小东西迷住了。当时,他在一家公司负责一项助听器研究计划。基尔比突发奇想地把晶体管用在助听器上,果然大获成功。他研究出一种简便的方法,将晶体管直接安装在塑料片上,并用陶瓷密封。基尔比于1958年5月进入得克萨斯仪器公司。当时,公司正参与美国通信部队的一项微型组件计划。1959年,世界上第一块集成电路板终于在基尔比的手中诞生了。基尔比的发明仅由一个晶体管和锗片上的其他组件组成,大小仅为1 cm×0.12 cm英寸,但是它的出现推动了电子行业的变革。基尔比还因此于2000年获得诺贝尔奖。可以说,基尔比的集成电路发明几乎是目前使用的每个电子产品的起源。从手机到调制解调器,到因特网音频播放器,这块芯片改变了世界,并推动整个行业向前发展。

在1958~1959年,罗伯特·诺伊斯(Robert Noyce,后来成为英特尔公司创始人)也独立发明了硅集成电路。尽管基尔比所属的美国得克萨斯公司和诺伊斯所属的仙童公司为集成电路的发明权归属发生过争执,但人们公认基比尔和诺伊斯对集成电路的发展都做出了重大贡献。在晶体管技术基础之上崛起的集成电路,造就了微电子领域的迅猛发展。

微电子技术的不断进步,极大降低了晶体管的成本。在1960年,生产1只晶体管要花10美元,而今天,1只嵌入集成电路里的晶体管的成本还不到1美分。这使晶体管的应用更为广泛了。

2.2.9 电子管-晶体管-集成电路发展的里程碑

采用编年史的方式来看待电子管-晶体管-集成电路的发明和发展的过程,更能看到世界上多国科学家、发明家和工程师们是如何争先恐后的,同时也可以看到技术优越性在不同时期、不同国家之间的变换。如表 2.1 所示。

表 2.1　电子管-晶体管-集成电路的发明和发展的过程

时　间	发明和发展过程
1883 年	爱迪生发现"爱迪生效应"
1904 年	英国物理学家弗莱明制成世界上第一只电子二极管
1906 年	美国发明家德福雷斯特发明了首只真空三极管
1947 年	美国的肖克利、巴丁和布拉顿成功发明了首个晶体管
1950 年	结型晶体管诞生。肖克利研发出双极晶体管(bipolar junction transistor),这是现在通行的标准晶体管
1950 年	欧尔和肖克利发明了离子注入工艺
1951 年	场效应晶体管发明
1953 年	助听器投入市场,开启了晶体管商业化的元年
1954 年	首台晶体管收音机 Regency TR1 发行,它仅包含 4 只锗晶体管
1956 年	富勒(C. S. Fuller)开发了扩散工艺
1958 年	仙童半导体公司罗伯特·诺伊斯与得克萨斯仪器公司基尔比发明集成电路,开启微电子技术的大门
1960 年	光刻工艺诞生于洛尔(H. H. Loor)和科斯塔兰尼(E. Castellani)之手
1961 年	罗伯特·诺伊斯获得了世界上第一个集成电路专利
1962 年	MOS 场效应晶体管诞生于美国无线电公司
1963 年	F. M. Wanlass 和 C. T. Sah 首次提出 CMOS 技术,成为世界上 95% 以上的集成电路芯片所使用的工艺
1965 年	戈登·摩尔(Gordon Moore)在《电子学》杂志的一篇文章中提出了至今依旧适用的预测:每十八个月,未来一个芯片上的晶体管数量就会翻一倍,即"摩尔定律"的诞生
1966 年	美国无线电公司研制出 CMOS 集成电路,并研制出第一块门阵列(50 门)
1967 年	如今世界上最大的半导体设备制造公司——应用材料公司(Applied Materials)成立
1968 年	罗伯特·诺伊斯和戈登·摩尔辞去仙童半导体公司的工作,创立了英特尔公司,英文名 Intel 为"integrated electronics"的缩写,意为集成电子设备
1969 年	英特尔公司成功开发出第一个 PMOS 硅栅晶体管技术,继续使用传统的二氧化硅栅介质,但引入了新的多晶硅栅电极
1971 年	英特尔公司研出 1kb 动态随机存储器(DRAM),标志着大规模集成电路出现
1971 年	英特尔公司发布了采用英特尔 10 μm PMOS 技术生产创造的第一个微处理器 4004,内含约 2000 个晶体管,规格尺寸为 0.31 cm×0.06 cm
1972 年	第一个 8 位处理器 8008 在英特尔公司诞生
1974 年	第一个 CMOS 微处理器 1802 在美国无线电公司出现
1976 年	16kb 动态随机存储器 DRAM 和 4kb SRAM 问世

续表

时　间	发明和发展过程
1978 年	英特尔公司发布了第一款含有 2.9 万个晶体管的 16 位处理器 8086
1978 年	64kb 动态随机存储器诞生,不足 0.5 cm^2 的硅片上集成了 14 万个晶体管,标志着超大规模集成电路(VLSI)时代的来临
1978 年	英特尔公司将其英特尔 8088 微处理器出售给 IBM 新的个人电脑(PC)事业部,武装了 IBM 新产品 IBM PC 的中枢大脑。16 位 8088 处理器为 8086 的改进版,含有 2.9 万个晶体管,运行频率为 5 MHz、8 MHz 和 10 MHz。8088 成功推动英特尔公司进入了世界著名财经杂志《财富(Fortune)》的全球 500 强企业排名,《财富》杂志将英特尔公司评为"70 年代商业奇迹之一"
1981 年	256kb DRAM 和 64kb CMOS SRAM 问世
1982 年	286 微处理器诞生,采用如今的 x86 指令集,可运行为英特尔前一代产品所编写的所有软件。286 处理器内含 13400 个晶体管,运行频率为 6 MHz、8 MHz、10 MHz 和 12.4 MHz
1984 年	日本宣布推出 1 Mb DRAM 和 256 kb SRAM
1985 年	具有多任务处理能力的英特尔 386 微处理器问世,内含有 27.5 万个晶体管
1988 年	16M DRAM 的问世标志着电子学领域进入超大规模集成电路(VLSI)阶段,1 cm^2 大小的硅片上内含有 3500 万个晶体管
1989 年	1Mb DRAM 投入商用
1989 年	486 微处理器推出,25 MHz,1 μm 工艺,而后改进为 50 MHz 芯片采用 0.8 μm 工艺。
1992 年	64M 位随机存储器诞生
1993 年	内含三百万个晶体管的英特尔奔腾处理器诞生,采用英特尔 0.6 μm 制程技术生产
1995 年	Pentium Pro, 133 MHz,采用 0.6~0.35 μm 工艺
1997 年	300MHz 奔腾 II 问世,采用 0.25 μm 工艺
1999 年	英特尔公司发布了奔腾 III 处理器,该处理器含有 950 万个晶体管,采用英特尔 0.25 μm 制程技术生产
2000 年	1Gb RAM 投入商用
2002 年	英特尔公司推出奔腾 4 处理器,内含 5500 万个晶体管,每秒钟可实现 22 亿个周期运算,采用英特尔 0.13 μm 制程技术生产
2002 年	英特尔公司在业内开创性地采用应变硅,他们透露了 90 nm 制程技术的若干突破,包括高性能、低功耗晶体管,应变硅、高速铜质接头和新型低 k 介质材料
2003 年	英特尔公司出品的笔记本电脑的英特尔迅驰移动技术平台诞生,并发布了最新的移动处理器"英特尔奔腾 M 处理器"。该处理器基于全新的移动优化微体系架构,采用英特尔 0.13 μm 制程技术生产,内含 7700 万个晶体管
2005 年	英特尔公司开发出行业领先的 90 nm 制程生产技术,生产出首个主流双核处理器"英特尔奔腾 D 处理器",内含 2.3 亿个晶体管
2006 年	英特尔公司采用英特尔 90 nm 制程技术生产了安腾 2 双核处理器,内含 2.7 亿个晶体管

续表

时　间	发明和发展过程
2006 年	英特尔公司在全球最先进的实验室采用英特尔 65 nm 制程技术，生产出英特尔·酷睿 2 双核处理器，内含超过 2.9 亿个晶体管
2006 年	英特尔公司称其正在研发超过 15 种 45 nm 制程产品，预计投入台式机、笔记本和企业级计算机市场
2007 年	英特尔公司销售面临困境，为扩大其销售对象，英特尔发布了针对桌面电脑的 65 nm 制程英特尔酷睿 2 四核处理器，内含超过 5.8 亿个晶体管，以及另外两款四核服务器处理器
2007 年	英特尔公司宣称将采用突破性的晶体管材料即高 k 栅介质和金属栅极，这些材料将在公司下一代处理器即英特尔酷睿 2 双核、英特尔酷睿 2 四核处理器以及英特尔至强系列多核处理器中数以亿计的 45 nm 晶体管或微小开关中，用于建构绝缘"墙"和开关"门"
2008 年	酷睿 i7(Core i7，研发代号为 Bloomfield)处理器是英特尔公司于 2008 年推出的 64 位四核心 CPU，沿用 x86-64 指令集，并以 Intel Nehalem 微架构为基础，取代 Intel Core 2 系列处理器。酷睿 i7 是由英特尔公司生产的面向中高端用户的 CPU 家族标识，包含 Bloomfield(2008 年)、Lynnfield(2009 年)、Clarksfield(2009 年)、Arrandale(2010 年)、Gulftown(2010 年)、Sandy Bridge(2011 年)、Ivy Bridge(2012 年)、Haswell(2013 年)、Haswell Devil's Canyon(2014 年)、Broadwell(2015 年)、Skylake(2015 年)等多款子系列。Core i7 于 2010 年发布 32 nm 制程的产品
2009 年	英特尔公司推出酷睿 i 系列，采用领先的 32 nm 工艺
2010 年	NVIDIA 发布全新的 GF110 核心，内含 30 亿个晶体管，采用先进的 40 nm 工艺制造
2011 年	英特尔公司成功开发出世界首个 3D 晶体管，称为 tri-Gate。英特尔公司将 3D 晶体管应用于 22 nm 工艺之后，三星、Global Foundries、台积电和台联电都计划将类似于英特尔公司的 3D 晶体管技术应用到 14 nm 节点上

2.3　移动互联网的发展史

移动通信和互联网的结合，在今天看来似乎自然而然，但是在移动通信的发展史上，移动通信和互联网的结合却充满了各种各样的矛盾与坎坷，有技术层面的，也有商业利益层面的，甚至还有政治经济层面的。这一节简要介绍移动互联网的历史，也借此展望一下 5G 以及后 5G 时代(Beyond 5G)的未来。

2.3.1　1973—1991 年:等待互联网的诞生

从 1973 年移动通信商用网络开始服务，到 1991 年 WWW(world wide web)即万维网发明，之间长达 18 年。在这个 18 年里，WWW 的发明取决于如下条件，缺一不可，如图 2.2 所示。

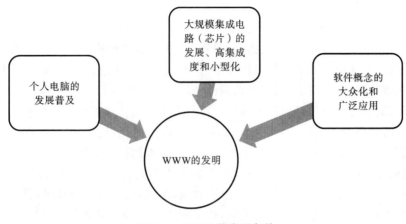

图 2.2 WWW 的发明条件

2.3.2 1991—2008 年:互联网与移动通信的并行发展

1. 万维网的诞生

1991 年蒂姆·伯纳斯·李(Tim Berners-Lee)发布了 WWW,中文翻译是"万维网"。万维网是一个由许多互相链接的超文本组成的系统,通过互联网访问,分为 Web 客户端和 Web 服务器程序。在这个系统中,每个有用的事物,称为一样"资源",并且由一个全局"统一资源标识符(URI)"标识,这些资源通过超文本传输协议(hypertext transfer protocol,HTTP)传送给用户,而后者通过点击链接来获得资源。

注意:万维网和互联网是不一样的。简单而言,万维网是无数个网络站点和网页的集合,它们在一起构成了因特网最主要的部分(因特网也包括电子邮件、Usenet 以及新闻组)。万维网是一个由超链接连接而成的多媒体的集合。

2. 互联网泡沫

1994 年,Mosaic 浏览器及万维网的出现,使互联网受到人们的关注。1996 年,一个公开的网站已成为美国上市公司不可或缺的部分。最初人们仅仅关注时事新闻和信息查询,到后来逐渐关注网络的双向通信和电子商务功能。这些功能引起了青年人的注意,他们认为该种模式能成为未来商业的新形式。

互联网因其能够短时间内在世界范围进行信息交换,而令传统商业包括广告业、邮购销售、顾客关系管理等发生了根本性的改变。互联网成为一种新的最佳媒介,它可以即时把买家与卖家、宣传商与顾客以低成本联系起来。互联网刷新了商业模式并带来了风险投资。

在互联网泡沫形成的初步阶段,互联网网络基建(如 World Com)、互联网工具软件(如 Netscape,1995 年 12 月首次公开招股),及门户网站(如雅虎,1996 年 4 月首次公开招股)等科技行业因此受益。

风险投资同时造就了更高的市场风险。1998~1999 年的低利率,帮助了启动资金总额的增长。不具备充分计划管理能力的企业家们,却由于新颖的"DOT COM"概念,仍能将创意出售给投资者。

一个规范的"DOT COM"商业模式依赖于持续的网络效应,以长期净亏损经营为代价来获得市场份额。企业希望从未来的服务盈利率中获利,支持"快速变大"。企业在负盈利期间依赖所募集的风险资金,如首发股票来维持其开销。股票最初出现的新颖性,以及企业的不明确估价,将股票推上了令人瞠目结舌的高度。

在金融市场之中,股市泡沫是指某一特定行业的股票价格自我持续上升。投机者仅关注到股价快速增长而猜测其会持续上升而选择买入,但实际上许多企业股价被高估,当泡沫破裂时,股价崩盘,诸多公司因此破产。

网络效应使得同一领域里的大多数企业具有类似的商业规划和发展模式,但"一山不容二虎"的竞争规则决定了每块领域的胜出者仅有一个,这是 DOT COM 模型生来而带的缺陷。事实上在许多领域甚至连支持一家独大的能力都没有。

即使如此,少数企业在互联网泡沫的初期上市即获得了丰厚的收益。这些虚有的成功造就了繁荣的假象,吸引了大量的个人投资,甚至有人辞职而专职炒股。

在 2000 年 3 月,纳斯达克交易所内,技术股的 NASDAQ(纳斯达克综合指数)攀升至 5048,至此,网络金融泡沫达到历史最高。1999 年至 2000 年,美联储将利率提高 6 倍,造成了经济更严重的脱轨。2000 年 3 月 10 日,金融泡沫出现破裂的痕迹,该日 NASDAQ 综合指数到达了 5048.62,当日最高曾达到 5132.42,较之 1999 年的数据翻了一番还多。NASDAQ 此后开始小幅下跌。之后的联邦政府诉微软案的审理也在很大程度上加速了熊市的出现。

但 NASDAQ 和众多网络公司崩溃,最主要的原因之一或许是大量高科技股的带领者如思科、微软、戴尔等数十亿美元的卖单恰巧聚集在 3 月 10 号周末后的首个交易日早晨出现。这直接造成了 NASDAQ 在 3 月 13 日一开盘就从 5038 跌到 4879,整整跌了 3 个百分点。

2000 年 3 月 13 日大量卖单引起了一系列影响:投资者、基金和机构纷纷开始清盘。六天时间内纳斯达克折损了近 9 个百分点,从 3 月 10 日的 5050 降至 3 月 15 日的 4580。

另一方面原因,或许是为了应对 Y2K 问题而加剧了企业的支出。只要平静地度过新年,公司会发现所有的设备装置不需要进一步投入,这之后企业支出就可能迅速下降。

还存在一方面的原因,也许是 1999 年圣诞期间众多互联网销售商不良的销售业绩。这也证明了互联网销售商"变大优先"战略的失败和错误。

到了 2001 年,互联网泡沫全面消退。大多数甚至包括从未盈利过的网络企业都停止交易。因而如今投资者们常常将这些失败的网络企业戏称为"炸弹(Bombs)"或"堆肥(Compost)"。

3. 二次打击:次贷危机

在长达 10 年的时间里,在无数资金和技术极客的努力之下,迎来的却是 2000 年的 IT 泡沫破灭。那些经历了公元 2000 年而活下来的企业或者技术包括 1995 年 Ward Cunningham 开发的 wiki(注意并不是 wikipedia)、1995 年成立的 Yahoo、1995 年成立的 Amazon 和 1998 年成立的 Google 等。

然后,这些公司和一些新成立的公司,开始新一轮发展,迎来了 2008 年的全球金融危机,这一次是次级房贷(也称"次贷")导致的危机。在这个小周期里,2001 年基于 wiki 技术创建的 wikipedia,2004 年创办的 Facebook(脸书),2006 年开始的 Twitter 熬过了冬天。之前的"剩"者 Amazon、Google 同样顺利地渡过,而且愈发强大。没有实现战略转型的 Yahoo 躲过了初一却没能躲过十五,很遗憾地走到尽头,成了别人公司的一部分,没有独立地活到今天。

如果没有互联网泡沫,没有房地产泡沫,历史可能就在互联网(事实上是 WWW)的轨道上发展下去,不断扩大,直至无法改变。那样的话,可以想象会存在几个问题。

(1) 人类使用这些服务离不开电脑,只能处于固定、有限的场所;

(2) 有线网络发展的边际成本非常高,因此向低收入的方向(在发展中国家、第三世界国家)发展非常慢;尤其是在经济相对落后的国家和地区,人们更是迟迟无法享受互联网所带来的价值。

一个泡沫的破灭,会催化另一个泡沫的滋生。房地产泡沫的破灭,又会带来哪个泡沫的产生呢?这个时候,我们必须说一说 1991 年以后另一个领域的发展,就是移动通信。正因为在这个世界上还有很多精英在各自的技术轨道上努力着,就是一个领域发生了危机,而另一个领域可能正因此繁荣。

4. GSM 的自嗨时代

1991 年,GSM(global system for mobile communication)首次在芬兰的运营商 Radiolinja 商用了。这张无线网络是由同在芬兰的公司诺基亚(Nokia)建设的。诺基亚从这里出发,开始成长为世界上最伟大的公司之一,几乎所有人都曾经拥有过诺基亚手机,直到 2008 年这个神奇的年份。

GSM 真正开启了人类脱离"线"的束缚和约束,开始逐步享受无处不在的通信。移动通信的发展开始加速并超过有线连接的发展速度而成为人类相互连接的主流方式;连相对贫穷的国家和地区也不例外地参与到了全球通信的大网络中来。从 1991 年前芬兰总理打通第一个全球通电话到现在,移动连接数已经大大超越了全球人口 70 亿这个数字,达到了 91 亿之多。

2000 年,在 IT 狂热导致的泡沫破灭的当口,一个新的移动通信技术成为全球很多国家经济的救命稻草。这项新的技术,在 GSM(2G)的领地之上叫做 UMTS(采用 WCDMA标准),也就是广为人知的 3G 技术。各国争先以建设 3G 为刺激经济的重要方案之一。2000 年,德国政府 3G 牌照拍卖进账五百亿欧元(当时值四百六十多亿美元),创世界纪录。世界上第一个 UMTS 网络是 2001 年 10 月日本 NTT DoCoMo 公司的 FOMA(采用 W-CDMA 技术),由爱立信建设。此后,在全球范围内,3G 逐渐发展壮大;到 2008 年,全球 3G 用户已经达到 7 亿左右了。

2.3.3 2008—2018 年:移动互联

2008 年,互联网和移动网络真正走到了一起,史称移动互联网。移动互联网与 Mobile Internet 并不对应,在 wikipedia 上,Mobile Internet 被指向 Mobile Web 这个词条。从 2G、3G 无线通信行业走过来的专业术语最接近的应该是 Mobile Broadband。

2008 年 6 月 10 日和 9 月 23 日,iPhone 3G 和 Android 智能手机分别发布,把同时发端于 1991 年的 WWW 和数字化 Wireless Network 深刻地联系在一起了。2008 年,中国发放了 3G 牌照;在这一年,4G 技术正式在 3GPP 标准化组织立项进入标准化工作阶段。

2008 年发布的 SingleRAN,可以算是推动无线通信网络迅速普及的关键产品。SingleRAN 的理念为"一个网络架构、一次工程建设、一个团队维护",其含义是通过统一的 R&M 管理、无线资源管理、网络规划系统优化以及传输资源管理,来支持不同技术制式的融合和演进,这使之成为了网络演进与技术革命之间矛盾的完美解决之道。2007 年,华为推出了世界上第一台 GSM/WCDMA/CDMA/WiMAX/LTE 多制式共平台的华为第四代基站,并以此为核心推出了 SingleRAN 解决方案。

SingleRAN 统一了 2G、3G、4G 的硬件和基础运行环境(应用层 OS),对于 3G 网络的大规模普及,以及 4G 平滑演进起了至关重要的作用。SingleRAN 对于把移动连接数从 2008 年的 7 亿推高到 2018 年的 91 亿的网络承载能力起到了主要作用。有了 3G 网络,所有的智能手机和智能终端才真正有了用武之地。2016 年末,我国固定互联网宽带接入用户增加到 2.9 亿,而移动宽带用户数增加到 9.4 亿。

从 2000 年到 2018 年的发展过程中,信息技术的产业价值发生了深刻的转移和变化。这种变化不仅是科学技术的比拼,还包括经济的比拼,政策法规的比拼和国家力量、文化输出能力的比拼。

2000 年 IT 大崩溃之前,北电网络(Nortel Networks)市值 3980 亿美元,诺基亚市值 2100 亿美元,微软市值 2500 亿美元,苹果(Apple)市值 61 亿美元,谷歌(Google)没有上市。2010 年,北电网络消失,诺基亚市值 350 亿美元,微软市值 2300 亿美元,苹果市值 3300 亿美元,谷歌市值 1970 亿美元,没有上市的脸书(Facebook)估值 850 亿美元。2018 年,诺基亚市值 320 亿美元,微软市值 7800 亿美元,苹果市值 9400 亿美元,谷歌市值 7800 亿美元,Facebook 市值 5470 亿美元,亚马逊(Amazon)市值 8170 亿美元。

以上还活着并且壮大了的公司,除了微软,无一例外地表明了互联网公司移动互联战略的成功。事实上现在的微软也在移动平台上实现了相当大份额的营收。相比之下,诺基亚这个无线通信老兵却没有向移动互联网成功转型,北电网络已经完全消失了。

从 1973 年到 2008 年的 36 年中,一个伟大的人物是不可能不被提及的,他就是史蒂夫·乔布斯(Steve Jobs)。乔布斯与比尔·盖茨、伯纳斯·李同生于 1955 年,同样是信息技术发展中作出巨大贡献的人物。在乔布斯 56 年的人生岁月里,他两度发布了对人类发展产生巨大推动作用的产品,1977 年的 Apple II 开启个人 PC 时代,2007 年的 iPhone 开启了移动互联网的时代。

2.3.4 2018 年以后,移动互联+区块链?

互联网与无线通信从 2008 年开始的大融合,推动了信息技术的发展,为全球经济和民生做出了贡献。但是,其发展方向也存在潜在风险和威胁。脸书、微信、腾讯 QQ 能感知到的不仅是社交数据;谷歌、百度能感知到的不仅是搜索数据;亚马逊、淘宝、京东能感知到的不仅是购物数据。大量的数据集中在某些公司的手里所带来的威胁,非常令人瞩目。随着 2018 年对脸书大规模数据泄漏和数据变卖事件的调查,大数据的集聚给全人类敲响了警钟。

随着第五代甚至更新的移动通信方式的发展,万物智能互联(IoT)的时代真正到来,两个最为关键的问题愈加凸显:

(1)海量高价值的数据。我们产生的数据并不由我们自己拥有,数据的价值也不由我们来交换和分享。一些庞大的中心化服务公司、机构在拥有我们的数据,在交换数据的价值。

(2) 缺乏安全感的智能。人工智能的持续、波动式的发展,在计算、搜索等很多方面将超过人类;人类面临意识与智能分离的时刻。如果这个时刻到来的时候,意识属于个体,而智能属于这些中心化的服务公司,将出现什么样的场景和结果?

在忧虑不断累加的时候,有一个潜在的希望在成长。

2008 年,中本聪(Satoshi Nakamoto)发表《比特币:一个端到端的电子现金系统》(《Bitcoin:A Peer-to-Peer Electronic Cash System》)白皮书。

2009 年,标注为版本 v0.1 的比特币软件,正式放到了 SourceForge 平台上。

2014 年,区块链(Blockchain)作为从比特币中独立出来的名词开始独立传播。

2015 年,中本聪受加州大学洛杉矶分校金融学教授 Bhagwan Chowdhry 提名,进入 2016 年诺贝尔经济学奖的候选人榜单;而中本聪于 2010 年 12 月 12 日在比特币论坛中发表了最后一篇文章,随后不再露面,电子邮件通信也逐渐终止。

在区块链出现之前,维基百科(wikipedia)已经是一个伟大的去中心化实践;在经历了艰难的以专家写作和评审为中心的发展之路之后,把编辑的权利放给所有人的维基百科反而获得了成功。维基百科的成功证明协同是可能的,维持协同的激励机制(Incentive)必须正确。

面对移动互联网的普及、云服务的泛化、人工智能新一轮的兴起和移动互联+区块链的理念,万物互联时代的"正义"与"尊严"是否能得到保证? 区块链真的能带给我们所期待的未来吗?

2019 年 5G 已经商用,在这样的背景下,移动互联除了更快、更广、更智能以外,是否还需要更安全? 区块链能做的事情还有很多,围绕区块链的泡沫还没有被刺破。期待在意志和智能分离的 5G 时代,保护"个人信息"的安全,使其产生的价值仍由个人掌控,能促成"5G+区块链"更为理性的发展。

2.4 无线通信产业的历史与 5G 前瞻

2.4.1 通信 1G~5G 的产业史

无线通信产业已经进入了第五代产业化,5G 如何发展,前景如何,是学术界、产业界、投资界以及政府都非常关心的课题。很多国家包括我国已经启动了 6G 研究,未来5G 会怎样,也引起了大家的关切。在这里,我们试图从产业发展的角度来回顾无线通信产业发展的历史,并对 5G 以及后 5G 的发展进行预测和分析。

无线通信产业是由需求和技术两个轮子驱动前进的。早在 1947 年,贝尔实验室的科学家就提出了蜂窝通信的概念,其中的核心技术是频率复用和切换。基于这一概念,贝尔实验室于 1978 年研制出先进移动电话系统(advanced mobile phone service,AMPS),这就是第一代移动通信系统。AMPS 是一个模拟通信系统,采用频分多址(FDMA)的复用技术,主要技术手段是使用滤波器,AMPS 系统容易受噪声的干扰,语音质量较差。随着集成电路技术的发展,数字技术得到广泛应用,此时的第二代移动通信系统,融入了 TDMA 和信道编码技术,推动了通信系统的宽带化发展,同时语音质量得到了较大的改善。其中欧洲制定的 GSM 系统非常成功,至今仍在广泛使用。20 世纪 90 年代互联网蓬勃发展,顺应这一时代要求,产业界制订了 3G 标准用以实现移动互联网。3G 采用了高通公司开发的 CDMA 技术,CDMA 存在自干扰问题,并且 3G 的主流标准 WCDMA 的系统设计过于复杂,导致部署成本比较高,所以一直无法替代 GSM 系统。第四代移动通信采用了 OFDM 技术,从根本上克服了 CDMA 的技术缺陷,并且简化了系统设计,成就了一代成功的移动通信系统。

可以发现,1G 发掘出了移动通信的巨大需求,但是采用了比较落后的技术体制;2G 进行了数字化革命,从而获得巨大成功;3G 是为了新出现的移动互联网需求而诞生,但是在技术上走了弯路,全球的 3G 业务都不是太成功;而 4G 回归了正确的技术路线,目前 4G 业务蓬勃发展。随着 4G 的成功商用,按照无线通信十年一代的发展规律,产业界开始了 5G 的研发。尽管之前的预测是 5G 将在 2020 年左右开始规模商用。但是在我国,工信部已经为 5G 配置了 500MHz 的频谱,移动、电信及联通三大运营商已经启动了 5G 的正式商用,在多个城市开始了 5G 的服务,计划在 2019 年底有 5 万个以上的基站投入商用。

2.4.2 无线通信网络的历史

1. 无线通信网络的架构简述

无线通信产业基本上可以用"端""管""云"三个字进行概括,如表 2.2 所示。

表 2.2 无线通信网络的架构简述

简 称	内 容 简 述
端	端就是指终端,包括电脑、Pad、手机等,到了 5G,还包括智能设备,比如智能手表、智能 VR/AR 设备、可穿戴智能设备等
云	云指存储在网络上的内容,如新浪、百度、淘宝的数据中心,也可以认为是 APP 所涉及的内容
管	管是"管道",就是连接终端和云之间的这条通道。这个通道的结构在移动通信、WiFi 以及有线网络,都是有所不同的

管所指的管道,还可以进一步分为两段,如表 2.3 所示。

表 2.3 管的进一步分段

分 段	基 本 内 容
第一段	终端到基站(或者路由器,或者 Access Point(AP))的通道,这段是无线通信,也称空中接口
第二段	基站到云,是有线通信。云,可以认为是挂在因特网上,即因特网承载的数据。这一段的终点是因特网,到达因特网必须要经过这条管道

区分移动通信和 WiFi 的关键是有没有核心网。移动通信有核心网,基站首先挂在核心网上,再连接到因特网。也就是说,管道的第二段里,包括了从基站到核心网,然后从核心网再到因特网这两个环节。核心网的作用主要是用来支撑整个移动网络,比如用户身份的识别、通话过程中的计费等。而另一个体系是大家都熟悉的 WiFi,没有核心网,因为 WiFi 没有所谓的基站,路由器是直接连到因特网的。

区分无线通信的两大生态体系的关键是有没有基站。有基站的,就是所谓的 CT (communication technology)生态体系;没有基站的,就是 IT(information technology)

生态体系。CT 和 IT 阵营之间的合作与竞争将贯穿无线通信产业的走向。

通信的市场份额由"空中接口"和"骨干网络"分占。如前所述,空中接口指的是从用户到基站的管道。在无线通信产业当中,空中接口这一段的产值,包括终端和基站,占绝大部分。如果做一个类比,通信网络可以类比人体的循环系统或神经系统。骨干网的部分可以类比中枢神经或者主动脉,虽然容量很大,但是只有几条。骨干网络的销售额不大,但是占据战略制高点;而空中接口部分相当于神经末梢或者毛细血管,数量庞大,占据无线通信产业的主要市场份额。

骨干网络的光纤化导致有线网络的改变。有线网络,也就是无线通信网络中的有线传输部分,现在都已经光纤化。光纤的发明是基于高锟的理论,他因此获得诺贝尔奖。光纤的容量大、成本低,彻底改变了人类通信的面貌。最早的光纤线路的速率只有45 Mbps,后来以令人咋舌的速度发展,目前一根光纤已经可以达到 1 Tbps。早期光纤只用于骨干线路(比如北京和上海之间),随着成本的降低,目前光纤已经入户了。由于光纤的存在,有线网络的主要工作在于怎么组织和利用光纤的容量,如 IPV6,SDN 等。

空中接口才是 CT 和 IT 网络真正的难关。空中接口部分设计就比有线网困难多了。在有线通信当中,信号在一个精心制造的介质里面传播,无论是铜线还是光纤,信号质量非常好,可以达到很高的速率。而无线信号的传播环境就恶劣得多。无线电波在传播过程中衰减很快,还受到建筑物、山体、树木的阻挡,很多时候需要经过反射或者穿透障碍物才能达到接收机。并且,无线电波不是规规矩矩地沿着规定的路线走,容易造成对他人的干扰。但是无线通信有一个好处,就是摆脱了线的束缚,这种便利性是有线通信所无法比拟的。所以尽管挑战很大,还是有无数的研究者前赴后继,攻克无线通信当中的道道难关。

2. 网络的分层结构

上述说的"端""管""云",可以采用更有逻辑性的分层结构来描述,也就是通常所说的无线网络的分层结构,比如较为经典的网络 7 层协议模型。这个结构的最底层称为物理层,其他的可以合并起来称为高层。高层里面的最下面一层称为数据链路层,数据链路层还可以细分为两层:连接上层的逻辑链路控制(logical links control,LLC)和连接物理层的媒体访问控制(media access control,MAC)。MAC 主要负责控制与连接物理层的物理介质。很多的通信协议是针对 MAC 层设置的。

物理层是用于处理物理信号的,比如电或者光,就是如何把信息转换成可以用来传输的电信号或者光信号。物理层解决的是通信能力的问题,或者是带宽的问题。有了这么多的带宽之后,怎么组织和利用是高层要做的事。

这个和邮政系统非常类似。物理层相当于运送信件或者包裹的方式,可以是马车、汽车、轮船、飞机,这提供了运送的能力。但是寄信的时候,我们要在信封上写通信地址,要跑到邮局交给柜台,然后分拣、打包、装车,到了目的地后要有邮递员送到收信地址,这些都是高层做的事情。

所以可以看到,通信网络的核心技术在物理层。当然高层也必不可少,但相对来说可以变化的空间不大。如果说我们的邮政系统比以前先进,主要不是体现在邮局的布置上,而是运输方式的改进,以前是马车,现在改飞机了。虽说邮局也进步了,比如装了玻璃柜台,或者信件实现了机器分拣,但不是主要的因素。

光纤技术是现代通信网络最重要的基石,就是物理层技术。高层技术当中大家最熟悉的是 IP 协议。IPV4 获得广泛应用后,虽说存在一些问题,试图通过 IPV6 去解决。但是 IPV6 经过二三十年也没有取代 IPV4,就是因为高层技术相对简单,改进的空间不大。

2.4.3　空中接口的无线通信技术演进

同样,空中接口的核心技术也在物理层,每一代移动通信是由这些核心技术所定义的。这些核心技术,也就是《通信原理》课程里面的知识。

空中接口的核心技术可以分为 5 个大类,分别是调制、编码、多址、组网和多天线。比核心技术更基础的是基础理论,包括电磁理论和信息论。

1. 3G 的空中接口核心技术

高通公司开发了 CDMA 技术,并且成为 3G 三大标准(WCDMA,CDMA2000 和 TD-SCDMA)的核心技术,从而一跃成为芯片业巨头。高通的贡献主要在多址和组网两个领域。

虽然普遍认为高通开发了 CDMA 技术,但是 CDMA 并不是高通发明的,发明人是好莱坞明星海蒂·拉玛。CDMA 技术的标准接收机称为 RAKE 接收机,是在 19 世纪 50 年代由贝尔实验室发明。实际上,由于当时普遍认为 CDMA 的保密性好,CDMA 一直被应用于军事通信。而高通解决的是 CDMA 的民用问题,这在当时是普遍不被看好的。

高通解决 CDMA 民用问题有三个方法,分别是功率控制(power control)、同频复用(UFR)和软切换。功率控制解决远近效应,同频复用提升频谱效率,软切换解决切换连续性问题。这构成了高通 CDMA 的技术体系。因为 UFR 并不是专利,所以高通其实在 CDMA 上只有两个核心专利,其中软切换专利获得美国专利局的授权,载入了高通发展史。

3G 在编码领域的主要进展是采用了 Turbo 码,这是法国电信所资助发明的,是通信发展史上的里程碑,因为它首次充分逼近了香农在 1948 年提出的信道容量。

在多天线领域,Alamouti 编码应用到了广播信道多编码。因为广播信道在整个业务当中的比重并不大,所以这个编码的重要性相对低一些。但是这个编码是多天线技术领域的里程碑,有非常大的影响力。

调制是最基础的通信技术,没有之一。因为基础,所以稳定,一直到现在的 5G 都没有太大的变化。

可以看出,高通在 3G 的多址和组网两个方面拥有核心技术。当然,在把核心技术工程化的过程当中也建立起了由几千个专利组成的专利组合。凭着这些专利和芯片的联合运作,高通收取了大量的专利特许使用费。

其实从现在的眼光看,Turbo 码和 Alamouti 码是更重要的核心技术。但这两个核心技术在法国电信和 ATT 这样的大公司里面,没有进行商业化运作的机制,只是收了一些专利费,没有形成像高通这么大的商业规模。

2. 4G 的空中接口核心技术

到了 4G 之后,CDMA 技术被 OFDM 技术所取代,主要原因是 CDMA 存在自干扰的问题。高通的功率控制和软切换试图去解决这个问题,采取的方法是在 CDMA 缺陷的基础上进行补救,但是怎么补也补不彻底。

而 OFDM 从根本上克服了 CDMA 自干扰的缺陷,使得频谱效率得到了很大的提高,那这些补救措施也就没必要了。所以在 4G 时代,高通的技术体系被摧毁了。OFDM 将高速率数据通过串并转换,调制到相互正交的子载波上去,解决了码间串扰的问题。但 OFDM 不够灵活,难以满足 5G 不同应用对空口技术要求的复杂性。为了解决这一问题,各公司也提出了各自的方案,如华为推荐使用自适应空口波形技术 F-OFDM(Filtered-OFDM)、稀疏码多址技术 SCMA(Sparse Code Multiple Access)和软频率复用(SFR)技术,爱立信提出了 SC-FDMA 技术,NTT DoCoMo 提出了非正交多址接入技术 NOMA(non-orthogonal multiple access)。这些方案作为候选技术供国际标准化组织如 3GPP 选择。

3. 5G 的空中接口核心技术

1)编码技术

5G 标准已经制定完成,其中的基带调制部分没有变化,但是相比于 3G/4G 采用的 Turbo 码,5G 采用了 LDPC 和 Polar 码。这两个码是继 Turbo 码之后通信技术发展的里程碑式的技术。Turbo 码已经比较接近香农极限,虽然 LDPC 和 Polar 码更接近香农极限,但是对系统容量的提升仅有 1～2%。

2)多址技术

多址是移动通信的核心技术领域,第一代移动通信采用 FDMA 技术,第二代移动通信采用了 TDMA 技术,第三代移动通信采用了 CDMA 技术,第四代移动通信则采用了 OFDM 技术,5G 多址技术的候选之一是 NOMA(非正交多址接入)。NTT DoCoMo 在 2014 年 9 月提出 NOMA 思想,其核心在于将非正交资源分配给发射端的不同用户。在一项正交方案中,若使 N 个用户共享一块资源,那么由于受正交性限制,每个用户仅能够享受到 $1/N$ 的资源。而 NOMA 正是摆脱了这一正交局限性,使得每位用户都分到大于 $1/N$ 的资源,甚至在极少数的极限情形中,每位用户能获得所有的资源,真正实现多用户的资源共享。

历经多年发展,移动通信技术的频谱资源已经越来越紧张。同时,随着移动业务的增长,人们也逐渐开始寻求提升用户体验度与频谱效率的新兴移动通信技术。因此,人们提出了非正交多址技术——NOMA:以非正交发送的方式在发送端引入干扰信息,并在接收端采用串行干扰删除(SIC)接收机来进行正确解调。采用 SIC 技术的接收机也具有两面性,虽说能够较好地提高频谱效率,但同时也较为复杂。因此,NOMA 技术的本质就是以高复杂度交换高频谱效率。

NOMA 的子信道传输采用的是正交频分复用(OFDM)技术,该技术的核心就是子信道互不干扰,能够使多位用户共享资源,但同一子信道上的不同用户则是非正交传输,使其互不干扰。若是处于相同子信道上的不同用户,采用功率复用技术进行发送,对每位用户信号功率依据相关的算法进行分配,如此一来每位用户接收端的信号功率都不尽相同,SIC 接收机再根据不同用户信号功率大小排序来消除干扰,实现正确解调,同时也达到了区分用户的目的。

总而言之,NOMA 技术主要有以下三方面的特点。

(1)接收端的串行干扰删除(SIC)技术。NOMA 为消除干扰在接收端采用 SIC 技术,同时也提高接收机性能。这一技术的基础思路是逐级消除干扰:就是指一种循环操作思想,在信号接收过程中对用户幅度恢复后逐个判断,将其产生的多址干扰剔除,并对其余的用户再次进行判决,如此循环操作,直至消除所有的多址干扰。与正交传输相比,采用 SIC 技术的 NOMA 接收机比较复杂,而 NOMA 技术的关键就是能否设计出复杂的 SIC 接收机。相信在未来若干年,这一问题会随着芯片处理功能的改善而得到解决。

(2)发送端的功率复用技术。NOMA 异于其他多址方案,选择在其他方案中利用率极低的功率域复用技术。这一技术能够提高系统的吞吐率,在发送端对不同用户分配不同功率,而具体的功率分配是由基站遵循相关的算法来计算的。另一方面,NOMA 在功率域叠加多个用户,在接收端,SIC 接收机可以根据不同的功率区分不同的用户。

(3)不依赖用户反馈 CSI。在现实的蜂窝网中,因为流动性、反馈处理延迟等一些原因,通常用户并不能根据网络环境的变化实时反馈有效的网络状态信息。虽然目前有很多技术已经不再那么依赖用户反馈信息就可以获得稳定的性能增益,但采用了 SIC 技术的 NOMA 方案能够更加适应此种情形,所以 NOMA 技术可以在高速移动场景下获得更好的性能,并能组建更好的移动节点回程链路。

通过以上描述能够发现,NOMA 作为一种新型技术,却结合了一些 2G 和 4G 成熟的技术和思想。例如,4G 中应用了 OFDM,3G 最初应用了 SIC。那么,NOMA 与传统的 CDMA(3G)和 OFDM(4G)相比,又具有什么长处呢?

3G 的直序扩频码分多址(CDMA)技术,采用非正交发送,所有用户共享一个信道,在接收端采用 RAKE 接收机。非正交传输的远近效应是一个很严重的问题,在 3G 中,为保证接收端每位用户功率相差不大,人们往往采用功率控制技术来限制近距离用户功率。

4G 的多址技术采用正交频分多址(OFDMA)技术,降低了远近效应。在链路自适应技术上,4G 采用了自适应编码(AMC)技术,可以根据链路状态信息自动调整调制编码方式,能够为用户提供最理想的传输速率。但美中不足的是,在一定程度上要依赖用户反馈的链路状态信息。

跟 CDMA 和 OFDMA 相比,NOMA 子信道之间采用正交传输,因此与 3G 相比,远近效应问题并不明显,多址干扰(MAI)问题也不严重;由于可以不依赖用户反馈的 CSI 信息,在采用 AMC 和功率复用技术后,即使是在高速移动环境中,依然能够应对多变的链路状态,提供良好的速率。

当然,重要的是,相较之 4G,5G 一方面保证了传输速率,另一方面提升了频谱效率。

3)多天线技术

多天线在 5G 中的称谓为 Massive MIMO,理想时可以成百倍地提升系统容量,它几乎能够称为 5G 的代名词。

天线集中配置的 Massive MIMO 主要应用于城区覆盖、无线回传、郊区覆盖、局部热点。其中城区覆盖分为宏覆盖和微覆盖两种情况。无线回传主要解决基站尤其是宏站与微站之间的数据传输问题,郊区覆盖主要解决偏远地区的无线传输问题,局部热点主要针对大型赛事、演唱会、商场、露天集会、交通枢纽等用户密度高的区域。

分布式天线考虑天线间协作机制与信令传输等问题,并根据天线范围大小、安装尺寸等实际情况进行应用。未来,大规模天线主要应用于室外覆盖、高层覆盖、室内覆盖。

大规模天线阵列 Massive MIMO 的研究课题如下。

(1) 天线阵元扩增,需要扩展到二维平面/曲面或三维阵列。随着天线阵列、天线数的发展,满足隔离度的天线尺寸可能较大,因此较高频段(>5 GHz)的使用也是研究课题之一。

(2) 随着天线数增多,造成了天线外形尺寸的变大,传统的平面波方式建模造成的偏差也大,因此探索合适的信道建模方式也是重点研究课题。

(3) 由于天线数的增多,Massive MIMO 的性能会降低,此种情况能够考虑采用多用户复用(multi-user MIMO,MU-MIMO)。该技术的核心是预编码,如今已有的预编码技术主要有:MRT、ZF 以及 DPC。其中,DPC 公认最优,MRT 性能最低,ZF 在所有技术中性能居中,通常工程中也使用它。是否能有低复杂度和高性能兼备的新的预编码算法是物理层最关键的问题之一。

(4) 在 Massive MIMO 模式之下,天线趋于无穷时,信道之间趋于正交。基站几百根天线的导频设计需要耗费大量时频资源,所以基于导频的信道估计方式不可取。具体的实施方案,包括 TDD 和 FDD 两种模式,其中 TDD 有天然的优势,这是因为随着天线数的增多,CSI-RS 的开销增大,而 TDD 可以利用信道的互易性进行信道估计,不需要导频进行信道估计,TDD 的方式是首选;FDD 覆盖面广,普及度高,采用较小开销的码本来进行信道系数的估计和反馈也是可以的,信道反馈时可以考虑 CS(compressive sensing)等算法,所以 FDD 下的信道检测、估计和反馈也是不可忽视的一部分。

2.5　小结

在本章中,我们详细描述了电磁理论、电子技术和无线通信的发展历史,对不同阶段的无线通信网络和技术进行了回顾。首先,我们通过静电力、电生磁、安培定律、毕奥-萨伐尔定律、电磁感应定律、场与波等介绍了电磁理论的发展历史;其次,我们通过无线电装备、电子管、晶体管等了解了无线器件与设备的发展史;此外,我们划分了互联网发展的关键时间段,并对发生的重大事件进行了回顾;最后,我们从产业发展的角度分析了无线通信的生态演化过程,并对 5G 发展进行了展望。通过这些内容,我们深刻体会到人类在通信技术上的不断进取和开拓,让我们对 5G 技术的出现有了清晰的认知,对 5G 作为社会革新和发展重要阶段的技术有了更深入的理解。

2.6　习题

(1) 库仑定律讲的是什么?

(2) 1820 年丹麦科学家奥斯特发现的是什么物理现象?

(3) 安培定则和安培定律分别是什么?

(4) 安培的"分子电流假说"在现在能否证明成立?

(5) 毕奥-萨伐尔定律说的是什么样的现象? 磁场力的大小和哪些因素有关?

(6) 法拉第电磁感应定律讲的是什么内容? 他和安培定律有什么关联?

(7) 谁首先提出了场的概念? 场如何表示?

（8）莫尔斯电码是由什么构成的？它的工作原理是什么样的？

（9）麦克斯韦预言的位移电流指的是什么？

（10）麦克斯韦依据什么样的推断预测了电磁波的存在？

（11）麦克斯韦在 1873 年出版了科学名著《电磁学通论》，提出了电磁波方程。请描述电磁波方程的构成与大致的物理含义。

（12）是哪位科学家最早通过实验发现电磁波可以沿直线传播，也存在反射和折射现象？

（13）意大利人马可尼通过无线电传递的是什么样的信息？

（14）费森登完成了什么样重要的工作？

（15）什么是爱迪生效应？由该效应启发，发明得到的器件是什么？

（16）二极管和三极管是什么？

（17）什么是晶体管？他和电子管有什么样的不同？

（18）什么是集成电路？第一个集成电路是在哪里制作完成的？

（19）简述摩尔定律。

（20）人们常说的"多少纳米的工艺"指的是什么？

（21）智能手机是何时出现的？

（22）你知道的手机操作系统有多少？

（23）万维网、互联网是一样的吗？有什么不同？

（24）移动互联网和互联网有什么关联？

（25）区块链是什么？

（26）你觉得 5G 和区块链的概念可以融合吗？请说出你的观点。

5G 无线通信标准

在前面两章,我们详细介绍了 5G 的基本情况和通信技术的发展史,那么 5G 无线通信的标准到底是什么呢? 在本章,我们将通过无线通信技术协议、5G 标准的解读、5G 与 WiFi 的融合、4G 与 5G 的融合与过渡,以及 5G 编码的标准来详细为大家介绍。相信读者会通过这些内容对 5G 划分、商业应用、战略部署、技术标准有更加专业的认知,能站在运营商、技术部门等角度去看待 5G。

3.1 无线通信技术协议

移动通信自诞生以来,就和标准化密不可分。如前几章介绍的,对我们的生活具有重要影响的是移动通信以 1G/2G/3G/4G/5G 为划分的标准演变。除了移动通信这个主要应用外,无线技术还有很多其他特定应用场合,因此也衍生了很多协议分支,这些特定协议从传输距离上可分作两大类:短距离和长距离。

短距离无线通信是物联网的基础,随着物联网(internet of things,IoT)的快速升温,出现了许多近场无线通信协议。从长远来看,不同协议将出现共存的现象,由于行业发展迅速,标准不及时,短期内无法看到整合统一的短距离无线标准。对于长距离的应用而言,短距离物联网的标准并不适用。因此,业内也有类似远程低功耗广域网的各种协议,专为低带宽、低功耗的长距离物联网应用而设计。

3.2 解读 5G 标准

3.2.1 5G 标准规划

考虑到 5G 与 LTE 将会长期共存,为了以不同的节奏来平衡 4G 和 5G 网络业务定位,3GPP(Third Generation Partnership Project)定义了多种 5G 网络架构标准。2017 年 12 月,3GPP 正式推出了《5G 系统架构》《5G 系统流程》等非独立组网标准 R15,其中包含三个阶段的子版本,这些子版本为网络运营商提供了更多 4G 与 5G 共存的选择。2018 年 6 月,3GPP 又发布 R16 标准,这是第一个独立的组网 5G 标准,进一步定义了 5G 网络系统的基础规范,决定了 5G 网络架构的整体形态。

此外,3GPP 在 2019 年末发布 5G R16 标准,进一步提升网络移动宽带支持的容量和效率,并支持更先进的场景。5G R16 是 3GPP R15 和 R16 标准的增强版本,可满足所有 ITU IMT-2020 5G 版本的需求,同时专注于移动宽带服务增强和基于高可靠性的业务,将支持更多物联网业务。

3.2.2　5G 新空口技术

5G NR(New Radio,NR)全新空中接口,具有高带宽、低延时、配置灵活等特点,可满足各种业务需求,同时轻松支持新的业务。在带宽方面,对于 6 GHz 以下频谱,5G 新空中接口支持 100 MHz 带宽;针对 20～50 GHz 频谱,5G 新空中接口支持最高 400 MHz 的带宽,以支持各种带宽业务需求。此外,5G NR 支持更短的子载波间隔,符号级调度资源,支持低延时,支持快速重传机制。基于这些技术方案,5G 在特定场景和配置下支持 4 ms 空口延时和 0.5 ms 空口延时。总体而言,5G NR 新型灵活空中接口设计,包含了基本的设计参数、框架结构、参考信号设计和控制通道设计等多个方面。

5G NR 支持不同的带宽需求。NR 基于 15 kHz 的子载波距离,可以灵活地扩展到 $15 \times 2u$,其中 $u=0,1,2,3,4$,即 NR 可以支持五个启动间隔,例如 15 kHz、30 kHz、60 kHz、120 kHz 和 240 kHz。这里对于 6 GHz 以下的频谱,适合 15 kHz、30 kHz 和 60 kHz 的子载波间隔。60 kHz、120 kHz 和 240 kHz 的子载波间隔则适用于 6 GHz 以上的频谱。新的空中接口定义了设置为 1 ms 的子帧长度,并且每个时隙被设置为 14 个符号。因此,不同子载波间隔的每个时隙具有不同的长度,分别为 1 ms、0.5 ms、0.25 ms、0.125 ms 和 0.0625 ms。

NR 支持灵活的帧结构,并且 NR 定义了许多插槽格式以满足不同的延时要求。LTE 定义了 7 个帧结构和 11 个特殊子帧格式。帧结构周期为 5 ms 和 10 ms。NR 则定义了 56 种时隙格式,并且在时隙格式中定义更多,以支持灵活的基于符号的帧定义结构。LTE 帧结构基于准静态配置,在上层配置了特定的帧结构后,网络会在一段时间内继承帧结构。在某些情况下,它还可以支持物理层的快速构建。NR 从一开始就支持准静态和高速配置,并支持更多周期配置,如 0.5 ms、0.625 ms、1 ms、1.25 ms、2 ms、2.4 ms、5 ms 和 10 ms。另外,时隙中的符号可以被配置为上行、下行或灵活符号,并且灵活符号可以通过物理级别信令配置为下行或上行符号,用来支持突发的需求。

NR 还支持更高速率的数据包传输和接收,同时提高了控制信道的性能。增强型移动宽带服务大数据包挑战了编码方案的复杂性和处理延时。LPDC 具有在处理大数据分组和高码率方面的性能优势,因此成为 NR 数据信道的编码方案。为了避免重传大数据分组,基于代码块组重传的理念,传输块被编码并细分为代码块组。稳健性则是控制信道最重要的技术指标,极化码在短数据包上的表现更好,因此成为了 NR 控制信道的编码方案之一。

NR 同样支持基于波束的系统设计,且 NR 提供了更灵活的网络部署方式。数字和混合波束成形也得到 NR 的支持。由于 NR 在低频段时主要是常规的数字波束形成,而当 NR 是高频时,就必须补偿路径损耗和天线成本,因此有必要引入模拟＋混合数字波束形成技术。特别是 MIMO 的传输容量,最大支持 8 个下行单用户,多个正交支持 12 个用户,单用户流传输具有上行链路最大支持 4 流。NR 支持下行链路最大配置为 32 个天线端口,支持部署的最大上行链路天线为 4 个天线端口。与定义多个传输模式的 LTE 不同,NR 当前仅定义一种传输模式,即基于专用导频的前导码传输模式。此外,与 LTE 相比,5G NR 定义了更多的部署方案,例如更多的导频格式(如以前载(Front-loaded)模式设计,用于支持高速移动的额外解调参考信号(DMRS)),并支持天线阵列模式。

同时,3GPP 关注新的空中接口与 LTE 共存场景,并且还支持新的 LTE 空中接口上行链路资源共享,以改善 NR 的上行链路覆盖。

3.2.3　5G 核心网设计

架构方面,5G 核心网采用基于面向服务架构的新系统,新架构是将原有的网络功能分解为一组独立的网络服务功能实体,每个实体独立支撑特定的业务,通过 NFV(网络功能虚拟化)进行所谓的流程重组。虚拟化网络切片能够快速产生,新服务在几周内开发,并实现分钟级在线操作。

对于控制层面的功能而言,核心 5G 网络根据设备类型和位置区域提供差异化的片段选择策略,移动性和会话管理以及针对不同服务的差异化接入服务。

在传输层功能方面,核心 5G 网络支持分布式传输路径配置和边缘计算,以优化各种服务的吞吐量和传输延时。

5G 安全使用可扩展身份验证协议(EAP)框架实现合成身份验证,并支持在访问网络之间无缝切换的用户。同时,通过增强的安全机制来增强对用户身份(例如身份识别等)的保护,以提供用户数据保护支持。

3.2.4　5G 技术发展

5G 技术将在现有基础上继续演进。3GPP 5G 版本 2(R16)侧重于改善垂直工业应用支持,特别是低延时和高可靠性,同时增强移动宽带和基本网络架构的基本功能,特别提升对于业务的支持。

在移动宽带服务中,R16 专注于多天线扩展、载波聚合、大带宽增强、远程干扰消除、非正交多址和免许可的 5G 技术。

在基础能力增强中侧重于研究终端节能、站点改进和移动性增强,基于 RAN 的大数据捕获和采用,服务架构增强、智能操作以及切片增强等内容。

在垂直行业应用中,正在研究 5G 汽车网络(NR V2X)、低延时高可靠性通信(URLLC)、工业物联网(NR IIoT)和 NB-IoT/mMTC 等内容的改进。

3.3　5G 与 WiFi 的融合

2019 年 1 月 25 日,下一代移动通信网络联盟(NGMN)、无线宽带联盟(WBA)联合发布报告宣布:联手推动 5G、WiFi 无线技术与核心网络的融合。NGMN 联盟的成员单位均为知名的移动通信运营商,目前共计 200 多张移动通信网,用户数量占到了全球的 60%。而 WBA 联盟致力于 WiFi 的推广与用户体验提升。

这两大行业机构在联合报告中提及了 3GPP 的 5G 与 WiFi 标准融合所带来的新机遇、新的使用案例——这是由授权频段技术和非授权频段无线技术均不断增强的能力所驱动,可以认为 5G 与 WiFi 融合属于"强强联合"。联合报告指出 5G 和 WiFi 之间的"网络级融合"对于确保这两类无线接入网（RAN）的"互补"功能可以组合起来，以提供"无缝"的网络服务，即走到一个没有 5G 网络但是有 WiFi 网络的地方就"无感知"地切换为 WiFi，并通过 WiFi 接入到 5G 核心网。

这份报告还强调了必须首先解决的关键挑战，包括在 5G 网络中更紧密地集成 WiFi 接入，加强网络可管理性和策略控制，以及仅具有 WiFi 功能的终端如何接入 5G 网络等。

那大家会问，5G 与 WiFi 为何要融合？传统上，移动通信与 WiFi 都在走自己的发展道路。与早期产品相比，每种技术的最新版本都具有极大增强的功能，包括 WiFi6 和 3GPP 5G（含 5G 新空口技术 NR 与 5G 核心网）。然而，随着社会越来越依赖于快速、可靠的数据连接，NGMN 联盟和 WBA 联盟认为要实现 5G 和 WiFi 之间的"网络级融合"，可以利用两种 RAN 各自的独特、互补功能，提供无缝的网络服务。请注意，来自智能手机的大量数据流量使用 WiFi 接入，这将带来更好的用户体验，并为 WiFi 和移动通信运营商创造新的商机。

很多用例都需要 5G 与 WiFi 实现融合。这份联合报告还给出了可能需要来自 5G 和 WiFi 网络的"综合资源"共同发力的许多用例和垂直行业，以提供经济高效的解决方案，并联合起来满足吞吐量、延时、连接密度、覆盖范围、可用性和可靠性等要求。例如，基于 5G 网络的企业服务，特别是 5G 核心网所支持的企业服务，由于多种原因，可能需要重新审视"接入中立"机制的使用——其中包括 5G 和 WiFi 覆盖范围的差距、室内和室外 WiFi 部署的激增和多站点企业环境的潜力。

"5G 与 WiFi 的融合，可能为移动通信网络运营商、企业 WiFi 与公共 WiFi 解决方案提供商带来重大利益，从而既可以从 WiFi，也可以从 5G 网络去接入访问 5G 与企业服务"，NGMN 联盟首席执行官 Peter Meissner 进一步补充道："但是，为了实现服务和网络的融合，我们与 WBA 联盟合作确定了必须首先满足的一些要求——在企业和公共 WiFi 领域尤其需要这样做，移动通信网络运营商需要一种标准化的解决方案来改善 WiFi 接入网络配置、管理的可见性和可控性。"

那么具体而言，5G 与 WiFi 互通的挑战和下一步规划是什么？截至目前，有一些行业规范从技术角度解决了 5G 和 WiFi 的互通问题。3GPP 已经开发了相关的技术规范来确保 3GPP 和非 3GPP 无线电技术（如 WiFi）的紧密集成。为了更好地服务客户并提供完整的 5G 体验，还需要在 5G 核心网络内确保对于非 3GPP 技术的紧密集成。实现其中一些目标的解决方案，已经被 3GPP 和 WiFi6 采用，例如类似于 WiFi 的 EAP（扩展身份认证协议）认证框架，以适应不同的无线服务类型（例如移动、无线或固定宽带）及其原生认证方法。3GPP R15 为 5G 与 WiFi 之间的互通提供了一些支持。特别地，R15 通过"非 3GPP 互通功能"（N3IWF）把不可信的非 3GPP（例如 WiFi）终端接入到 5G 核心网，在终端设备和 N3IWF 之间的 IKEv2/IPSec 隧道上安全地传输控制平面/用户平面（CP/UP）的消息。3GPP R16 通过增强 WiFi 集成功能继续开展相关工作，包括可信的 WiFi 支持以及接入流量控制、交换与分离。尽管如此，挑战和需求仍然存在，包括研究"仅支持 WiFi 的终端如何连接到 5G 核心网"、进一步研究"如何确保 5G 和 WiFi 网络之间的紧密集成"？WBA 联盟和 NGMN 联盟正在进一步研究这些挑战，以便给出潜在的解决方案。这将最终推出"融合 RAN 部署"的未来战略，确保利用 WiFi 和 5G 接入实现最佳用户体验。

WBA 联盟总经理 Tiago Rodrigues 表示："WiFi6 为运营商、城市和企业带来了全新的功能,可以经济、高效地提供额外的覆盖与容量(主要是在室内环境),以满足 5G 用例的要求。现在,通过为 5G 与 WiFi 融合 RAN 部署提供明确的战略路径,以充分利用这些功能的时候已经到来。我们将继续与 NGMN 联盟及其成员单位密切合作,审视、开发并测试潜在的解决方案。"

3.4 4G 与 5G 的融合与过渡

3.4.1 融合与过渡的必要性

与 LTE 不同,5G 的主要目标不仅是提高数据速率和网络容量,5G 承诺提供更多机会和关键绩效指标来解决垂直行业和创新应用问题,以探索新的收入来源。在 5G 的早期阶段,运营商可以选择在两种网络部署模式之间进行选择,即在部署提供端到端 5G 体验的完整 5G 独立(SA)网络,或部署 5G 非独立(NSA)网络之间进行选择,以便 LTE 网络进行补充和支持。虽然前者需要时间来开发,但后者提供有限的 5G 优势,仅限于某些网络 KPI 的改进。

此外,与 5G SA 架构相比,通常会认为 5G NSA 的资本密集程度较低。但实际上,情况可能并非如此。因此,运营商的选择是基于频谱可用性和用例要求,而并非仅取决于预算。通常情况下,可以通过投资、频谱可用性、服务产品和网络 KPI 四个方面来比较两种 5G 网络架构选项。

5G SA 架构网络部署成本尽管看似高昂,但是通过正确的部署策略,运营商还是可以大幅降低成本的。这些策略可归纳如下。

(1) 采用选择性确定 5G 覆盖的范围,通常从数据需求最高的区域开始。

(2) 尽可能共址 4G 和 5G,并整合射频设备以降低成本。

(3) 依靠云和虚拟化技术,在数据中心部署 5G 核心网。

(4) 从基本的 5G 核心网功能开始,只是为了降低投资。

应用上述策略,5G SA 选项变得更加经济,可以像 NSA 一样快速部署。此外,5G SA 允许运营商支持 5G 的所有用例并渗透新的垂直行业,相对 NSA 而言这无疑是非常关键的优势。

3.4.2 5G 网络架构

5G 网络建设的比赛正在全世界开展,许多运营商已加入;还有仍处于规划阶段的运营商,也已宣布参与试验、或着手进行商用前的试验网络建设。GSMA 报告称,早在 2018 年 11 月,就已经有 192 家运营商积极参与 5G 试验、测试或获得了 5G 许可。这些试验优先考虑 6 GHz 以下的 3300~3800 MHz 频段,6 GHz 毫米波(mmWave)频带(26.5~29.5 GHz)为第二优先使用的频段。

1. 独立(SA)网络架构

第一种网络部署模式称为独立模式,SA 指具有独立的 5G 网络,它将同时拥有新的 5G 空中接口、新无线电(NR)和 5G 核心网(5GC)。独立的 5G 网络为用户提供端到端的 5G 体验。SA 网络仍将与现有的 4G/LTE 网络互操作,以在两代网络之间提供连续性服务。换言之,5G SA 网络可以独立运行,同时也与 LTE 网络进行互操作以覆盖

5G 尚未覆盖的区域,方便 5G 用户与非 5G 用户连接。

2. 非独立(NSA)网络架构

非独立 5G 网络是指仅以 4G 分组核心网络(evolved packet core,EPC)为核心的 5G NR 小区。运营商将部署 5G 小区,完全依赖现有的 LTE 网络来实现所有控制功能和附加服务。5G NSA 架构工作服从主从架构,即 4G 接入节点是主节点,5G 接入节点是从节点。

3. 5G 核心(5G Core)

可以从上述两种部署模式推断出它们的主要区别在于是否具有 5G 核心。也就是说,重要的是要研究 5G 核心背后的价值以及它给网络带来的差异。

5G 核心或称作 5GC,是真正的新一代移动核心网络,它基于云架构设计,且高度依赖于虚拟化,有望为网络带来更大的价值。最重要的是,它将使运营商能够将服务范围扩展到增强型移动宽带(eMBB)之外。只有 5GC 才能实现超可靠的低延时通信(URLLC)和海量机器类通信(mMTC)等新服务。这些服务将使运营商能够覆盖更多用例并渗透到新市场。

此外,5GC 附带的继承功能可实现更高水平的服务质量。所有这些功能中最值得注意的是网络切片。网络切片允许运营商为不同的用例应用提供不同的服务等级(QoS),如运营商可以将网络切片专用于车辆到车辆(V2V)通信。该网络切片将利用 URLLC 提供关键任务和延迟敏感的通信信道。

5GC 的建设成本预计不会高于之前的核心网建设。借助云和虚拟化技术,运营商可以部署任意大小和容量的 5GC,并根据需要添加每个 5GC 功能的实例。此外,如果运营商的数据中心已经拥有虚拟化平台,5GC 的部署成本将大幅降低。

事实上,5GC 系统已于 2019 年在部分地区投入商用,大大提升了 5G 部署计划的运营商考虑实施 5GC 的可能性。

4. 5G 架构选择要求

选择正确的 5G 架构涉及许多决定因素,其中包括所需的服务产品、投资水平和频谱可用性。

首先,新的 5G 网络有许多新服务。这些服务可帮助运营商实现收入来源多样化,并通过网络基础设施提高盈利能力。5GC 使运营商能够提供这些新类型的服务。启用新用例有三个基本因素,如图 3.1 所示。

(1)更高的数据速率,5G 在下行链路上实现超过 100 Mbps 的数据速率,在上行链路上实现超过 50 Mbps 的数据速率。

(2)较低的延时,端到端 5G 系统实现的往返延时接近 1 ms。

(3)更高的频谱效率和更大的整体网络容量。

通过 5G SA 架构实现的这些技术优势,使系统能够支持先前移动网络无法支撑的新任务和关键用例。

其次,资本支出是所有运营商的重要考虑因素。随着平均用户收益(ARPU)的降低,运营商对网络部署成本变得更加敏感。总的来说,部署全新移动网络的成本似乎很昂贵。但是,5G 网络有望提供更高的成本效益。以下是有助于降低 5G SA 网络成本的因素,如图 3.2 所示。

图 3.1　启用 5G 新用例的三个基本因素

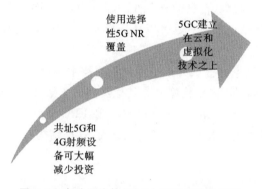

图 3.2　有助于降低 5G SA 网络成本的因素

（1）共址 5G 和 4G 射频设备可大幅减少投资。共址包括使用多频段、多端口天线和超宽带，多模 AAU/RRU 整合射频设备。

（2）使用选择性 5G NR 覆盖，该策略解释了 5G 技术的延缓采用，并利用 LTE 网络实现广域覆盖和服务的连续性。

（3）5GC 建立在云和虚拟化技术之上，这意味着它可以部署在传统的数据中心，为运营商节省了巨额成本。此外，5GC 是灵活的，除了基本功能之外，运营商可以选择最初部署哪些功能。

再者，在频谱方面，为了提供良好的 5G NR 覆盖，运营商需要具有 6GHz 以下的频谱带，以利用其传播特性。如果 Sub-6GHz 频段不可用，运营商将不得不依赖 LTE 接入网络进行广泛覆盖。在这种情况下，运营商可能会选择使用毫米波频段部署基于热点的 5G SA 或 NSA 网络。毫米波波段由于传播特性较弱而不适合宽覆盖范围。但是，它是热点和本地 5G NR 覆盖的良好选择，并能够提供大型网络容量。也就是说，虽然低于 6GHz 的频段是 5G 网络的最佳情况，但系统可以在改变部署策略的同时使用其他频段工作。

3.4.3　运营商的主要关注点

在决定正确的 5G 架构时，运营商关注的要点包括新技术的可行性、运营成本、要提供的用例以及整体用户体验。

1. 可行性

双网络架构 SA 和 NSA 符合 3GPP 标准。这两种架构都是在 3GPP R15 版中引入的,相隔仅六个月。它们的可行性在很大程度上取决于外部因素,例如设备准备情况、用户设备可用性和部署复杂性。

设备准备就绪:5G 供应商已经在 2019 年内发布了各自的商用系统,其中包括新无线电 NR 基站和完整的 5G 核心平台。5G 商用取得了令人鼓舞的成果。

用户设备准备就绪:用户侧设备仍然被认为是阻碍任何大规模商业部署的瓶颈。高通作为移动用户端芯片组的主要供应商,宣布在 2019 年第三季度发布其首款支持 5G SA 的商用芯片组。这个时间表同样适用于其他供应商,如英特尔和联发科技。智能手机制造商纷纷透露他们计划发布或者已经发布的设备中集成 5G,包括三星 Galaxy S10、华为 P30 和 OnePlus 7。

易于部署:每个架构都有自己的复杂性。部署 5G SA 网络需要一个长期计划来提供全国范围的覆盖,但是运营商总是可以从选择性覆盖开始(仅覆盖对数据有潜在高需求的地点),并使用回退到 4G 的方式来实现服务连续性和语音服务。此外,云和虚拟化(5GC 的基础技术)技术都被认为是相对较新的技术,需要运营商建立新的网络运营和维护团队。另一方面,NSA 架构将具有其他类型的复杂性。首先,选择 NSA 选项的运营商将需要升级其 LTE 网络,包括所有 eNB 和 EPC 节点,以支持 NSA 模式所需的主从网络结构。在服务支持和网络性能优化方面,这种结构具有很高的复杂性。

2. 投资

我们从采购成本角度对比两种 5G 网络架构。所有运营商都将瞄准的最终网络状态是 5G SA 网络。即使运营商选择 NSA 选项作为起点,其最终也会迁移到完全的 5G SA 网络中。

从短期来看,NSA 似乎更经济,因为运营商将跳过 5GC。在此模式下,除 LTE 网络范围升级外,运营商仅投资选择性 5G NR 覆盖。另一方面,除了 5G NR 选择性覆盖之外,SA 架构还要求从第一天开始部署 5GC。但是,根据 3G/4G 的经验,核心网只占总网络投资的不到 20%。对于 5GC,由于云和虚拟化技术使 5G 可以在运营商现有的数据中心上部署,因此预计成本更低。

从长远来看,具有 NSA 网络架构的运营商需要将其网络迁移到完整的 5G SA 网络。这意味着要在过渡期内部署 5GC 并启用 NSA 和 SA,最后迁移到仅限 SA 的架构。显然,复杂的迁移过程将引入额外的成本,例如频繁的 EPC 升级、多个网络规划和优化时段、额外的站点访问、RAN 设备升级,以及传输网络的重新配置等。从 NSA 过渡到 SA 的累计投资可能高于 SA。

总体而言,运营商最好采用 SA 选项,以避免升级 LTE 网络产生成本。此外,运营商将支持除 eMBB 之外的所有收入来源,并作为垂直行业的先行者占据市场领导地位。

3. 用例

有许多用例依赖于端到端的 5G 体验。这些用例只能通过 5G 的 URLLC 实现。URLLC 旨在将网络延时从 LTE 的 4 ms 减少到仅 1 ms 或更短。此外,整体系统可靠性将达到 99.999%。使用 LTE 无法实现的延迟敏感和关键任务用例现在可以大规模实施。其中一些用例如下。

工业物联网(Industrial IoT):包括过程自动化、机器对机器通信和基于传感器的运动控制。这些应用属于面向特定任务的机器类通信,它们需要非常低的延时。截至目前,行业依靠有线通信来构建这些系统,因为有线技术比现有的无线技术更可靠。然而,凭借 5G 的低延时和高可靠性承诺,这些系统可以达到一个全新的水平,从而降低连接成本并提高许多行业的移动性。

自动驾驶汽车:自动驾驶汽车的使用案例包括乘用车、商用卡车、火车等。这些应用需要极其可靠的通道和极低的延时,否则可能导致严重的人员伤亡。5G 的 URLLC、网络切片和高优先级 QoS,是使自动驾驶汽车成为现实的技术支撑。

人机交互:包括医疗保健、健身以及涉及人与机器交互的许多应用。除了低延时和高可用性之外,此类应用还需要上行链路和下行链路的高容量。

还有许多其他具有巨大市场潜力的 5G 应用程序,如增强现实(AR)和虚拟现实(VR)等应用将对上行链路和下行链路上的 5G 级数据吞吐量有巨大需求。

4. 用户体验

最终,用户体验最重要,用户对通信服务的延时和服务质量的不一致性变得越来越敏感,随着智能手机上视频流、游戏和 AR/VR 应用的日益普及,尤其如此。

要了解 SA 和 NSA 之间用户体验的差异,我们必须再次了解 5GC 带来的影响以及它将如何影响最终用户体验。URLLC 功能将提供更流畅的整体体验。流媒体等在线活动在 5G 下的表现预计要好得多。用户将能够流式传输高质量内容并使用其移动设备访问基于 AR 和 VR 的应用程序。

基于时间的网络切片是 5GC 的另一个优势,可直接使用户受益。运营商可以使用此功能来改善事件发生期间的用户体验。在音乐会、节日和其他大型活动期间,运营商可以创建网络切片并应用特殊的 QoS,考虑到越来越多的用户和峰值上传活动等。此外,运营商可以结合使用大规模 MIMO 和波束成形等技术,来提高小区边缘的数据速率。

基于现场测试和仿真,芯片组供应商高通公司曾报告了 5G SA 架构实现的网络性能值。这些值显示了 5G SA 在延时、流媒体和其他应用程序中带来的巨大改进。

3.4.4 5G 部署策略

在本节中,我们将解释每种网络模式的部署策略。在涉及 5G 部署时,重要的是要有明确的策略来定义从哪里开始以及如何从起点迁移到完整的 5G SA 网络。同样重要的是要强调,从最初的选择性部署和新的 UE 采用到大多数网络用户在全国范围内持续覆盖和采用具有 5G 功能的 UE,需要很长时间。

对 5G 来说,这意味着 5G 网络必须与 LTE 互操作。在 5G SA 模式下,互操作仅限于会话切换和连续服务。然而,在 5G NSA 架构下,情况更复杂并且涉及 4G 和 5G 无线电之间的大量集成。本节详细介绍了运营商在制定 5G 部署策略时需要注意的必要措施和预防措施。

1. 5G SA 架构部署策略

5G SA 架构在 Sub-6GHz 频谱范围内工作得更好。无论运营商是从选择性覆盖还是全国覆盖范围开始,低于 6GHz 的频段都是实现所需覆盖范围的最佳选择。

5GC 系统非常灵活,整个系统可以部署在运营商的数据中心。此外,运营商可以考虑从提供最基本的网络功能起步,这不仅会削减资本支出,还会缩短部署时间。

对于 5G NR,建议使用共站点策略,因为对于大多数城市场景,5G NR 可以实现与 LTE 相同的覆盖范围。使用多频段、多端口天线和超宽带,多模 AAU / RRU 来整合塔上的 RF 设备和 5G AAU 的空闲空间,运营商可以大幅降低成本并最大限度地利用 LTE 基础设施。

选择性 5G NR 覆盖将有助于运营商首先向早期采用者介绍 5G 服务,并帮助那些更有可能购买早期版本的 5G 手机终端。同时,该策略将为运营商提供优化网络性能的时间,并为大规模部署做好准备。此外,运营商仍然可以利用其基础设施来实现服务连续性,从而利用其 LTE 网络。

然后,网络应转换到全国范围内的连续 5G 覆盖范围。持续覆盖将使运营商能够提供依赖于 5G 连续覆盖的其他服务,如联网汽车和车队监控。

2. 5G NSA 架构部署策略

NSA 完全依赖 LTE 基础设施来实现服务连续性和连续覆盖,以及之前的核心网络。NSA 架构的部署策略分为两个阶段。

第一阶段旨在通过利用现有的 LTE 网络提供 5G 服务。部署策略涉及两个主要的部署/升级步骤:

一是升级 LTE 网络的接入和核心网络基础设施,升级使 LTE 网络与 5G NR 互通;二是在对数据服务有较高需求的区域内有选择地部署 5G NR。

5G NR 充当由升级的 eNB 控制的辅助接入节点作为主接入节点。此设置允许运营商向最终用户提供 eMBB 服务。然而,它为网络运营和服务优化带来了一些复杂性,因为它需要 4G 和 5G 网络之间的紧密互操作。此外,运营商可能需要升级 EPC 容量。

第二阶段涉及将 5GC 引入网络并增加 5G NR 覆盖区域。在这种情况下,5G 网络将更少依赖于 LTE 基础设施。LTE 网络仍可用于服务连续性。

EPC 和 5GC 将共存很长时间;运营商不需要用 5GC 替换他们的 EPC,除非知道他们的用户中的 5G 采用率是 100%。换句话说,仅具有 5GC 的运营商将无法为仅具有 4G 的终端用户或仅支持 NSA 并且需要 EPC 连接到网络的早期终端用户提供服务。在实现第二阶段后,运营商将能够提供所有依赖于 5GC 的用例。5GC 的部署和执行端到端网络切片的能力将允许运营商提供新的垂直服务。

3. 哪种部署策略更好?

两种部署策略的最终目标都是部署独立的 5G 网络。其中一个直接进入最终目标,优化投资并在新的垂直市场中占据市场领导地位;另一个更热衷于利用当前的基础设施来最大化其投资回报率,从而有可能在新市场中失去重要的市场份额。两种选择之间的共同点是它们必须维持 LTE 网络一段时间。这段时间需要多长时间完全取决于以下因素:

(1)Sub-6GHz 频谱带的可用性;

(2)用户采用 5G 技术;

(3)运营商能够部署全国范围的 5G 覆盖范围。

3.4.5 供应商准备就绪：以中兴通讯为例

2018 年至 2019 年,有多家供应商竞相提供首批 5G 部署。中兴通讯股份有限公司(以下简称中兴)是其中之一,主张并全力支持 5G 商用,特别是在 SA 独立架构上。该公司提供端到端的 5G 产品和解决方案,与许多运营商合作,在商业设置中进行了许多现场试验,以验证 5G SA 网络架构的性能和成熟度。

例如,2018 年中兴与中国移动和高通公司合作,在 3.5 GHz 频段上建立了一个端到端 5G 网络。该试验将 3GPP R15 标准纳入实际环境。该试验验证了许多先进的 5G 技术,包括可扩展的 OFDM 数字学、新的高级信道编码和调制方案,以及低延时的自包含插槽结构。中兴还与 Orange 合作测试 E2E 5G SA 网络,并展示了 E2E 网络切片和低延时的有效性。

截至 2019 年上半年,中兴及其合作伙伴在现场试验中取得的成果包括如下两种网络设置方案。

(1)网络设置方案一:共址 1.8GHz FDD LTE 和 3.5GHz 5G NR。

测试涉及测试大楼两层的 17 个测试点,包括良好、中等和不良覆盖点。对比结果表明,17 个测试点的 3.5 GHz 新空口技术 NR 上行速率优于 1.8 GHz LTE,16 个测试点的 3.5GHz NR 上行速率与 1.8 GHz FDD LTE 相比,性能提升超过 100%。在正常测试路径的室外远程驾驶测试中,3.5GHz 上行链路的 99.7% 的测试点获得了更好的吞吐量,并且大多数测试点具有超过 100% 的增益。在极端远程测试路由中,97.3%测试点的 3.5 GHz NR 上行吞吐量优于 1.8 GHz FDD。

(2)网络设置方案二:2.5 GHz TDD LTE 和 3.5 GHz 5G 新空中接口 Massive MIMO。

室内和室外驾驶测试数据显示,3.5 GHz NR 覆盖范围通常优于 2.5GHz LTE,中远场位置具有显著增益。5G Massive MIMO 还可以充分利用其在室外 NLOS 场景中的优势,验证 3.5 GHz NR 的网络功能。

在同步广播信道覆盖增强测试中,5G 基站部署在 45 m 高的景观塔上。在 1.2 km 的径向距离内,覆盖路线覆盖了单元格中的遍历正常水平±30°;使用宽波束配置和窄波束配置进行测试比较,结果表明 5G 可以充分利用 Massive MIMO 的波束成形优势。

3.4.6 结论

本节针对 5G 网络的部署分析考虑了包括投资、频谱和 KPI 要求等重要的方面。从投资角度来看,建议运营商不要在 5G SA 网络上投资。但从更广泛的角度来看,仍发现 SA 部署模式能够实现许多 NSA 无法支撑的其他经济效益,使运营商在新的垂直市场中占据重要的市场份额。至于频谱可用性,运营商或早或晚会需要获得 6GHz 以下的频谱范围,投资其他频段只会意味着最终的 5G SA 设置会有更多延时,这是因为在对网络进行新的投资之前,运营商需要确保达到其投资回报率。最后,更好的网络 KPI 可确保用户获得整体体验的重大升级。为此,运营商不仅需要致力于提高数据速率,还要进一步降低网络延时,提升系统容量以及对高级数据应用的支持。所有这些都需要通过部署端到端的 5G 网络来实现。运营商需要对所有 5G 网络组件以及新引入的功能进行严格的测试和现场试验,从而做出正确的决策。

3.5 5G 编码标准

3.5.1 编码方式的选择

在 3GPP 制定 5G 标准的过程中,有三种编码方式被推出,分别为 Turbo code(涡轮码)、LDPC code(低密度奇偶校验码)、Polar code(极化码)。

3G 和 4G 标准采用了 Turbo 码。Turbo 码最初由法国人 Claude Berrou 发明,但 3G 标准里最终采用的是以美国休斯网络系统公司(Hughes Network Systems)为主导的方案(此专利后来被 LG 收购)。4G 沿用了 3G 的编码方式。通过在 3G、4G 中的应用,Turbo code 技术变得非常成熟。但面对 5G 的高性能,尤其是高速率的要求,Turbo code 开始显得力不从心。

LDPC code 由 MIT 教授 Robert Gallager 在 1963 年的博士论文中发明,其基础专利早已失效。LDPC code 在 20 世纪 90 年代被 MacKay 重新发现,随后学术界和工业界都进行了深入的研究,其技术已经十分成熟,专利也比较分散。近二十年来被广泛应用于深空探测、卫星和地面数字电视、WiFi,以及 HDD、SSD 存储系统等,通过不同的设计优化可以满足各种不同的需要。

Polar code 是学术界最近几年升起的一颗新星,由土耳其的 Erdal Arikan 教授于 2008 年发明,是近年来信息论学术界在编码领域继 LDPC code 之后的最大突破。包括华为在内的各大公司对 Polar code 也都有研究,最终华为在 5G 编码上选择了 Polar code 方案。

3.5.2 3GPP 的工作方式

3GPP 的工作方式号称"罗马论坛式的技术辩论",以达成共识(consensus)为目的。3GPP 并不要求所有公司都对一个提案表态。一个提案得以通过,惟一的要求是没有任何公司反对,而不在于有多少公司赞同。如果一个提案即使只由一个公司提出,而没有任何公司反对,这个提案也将得以通过;相反,如果有一个公司反对一个提案,即使其他所有的公司都支持,按照 3GPP 的章程,这个提案也不会通过。因此,各个公司为了使自己的方案通过,经常会在开会现场对自己的方案进行修改,与其他公司的方案融合,共同提出新的、符合更多公司利益的提案,以期得到更多的支持,而更重要的目的是减少对这一提案的反对。

3.5.3 决定性的两次会议

5G 系统包含了(eMBB、URLLC、mMTC)三种设计场景,各自都需要数据信道和控制信道编码。

1. 第 86 次会议

2016 年 10 月,3GPP 在葡萄牙里斯本举办了第 86 次会议,对 eMBB 场景下的数据信道编码进行讨论。在这次会上有三种数据信道的编码方案备选,分别是 LDPC code 方案(R1-1610607)、Polar code 方案(R1-1610850)和 LDPC + Turbo code 组合方案(R1-1610604)。每个方案都有多个公司支持。会议上,随着技术方案的陈述和讨论,大家都提出了自己的提议。

支持 LDPC code 方案(R1-1610607)的阵容最为豪华。此提案由三星牵头,包括三星、高通、诺基亚、Intel 等设备商,还包括 SK、KT、KDDI、Verizon 等运营商。联想、摩托罗拉移动、上海贝尔也在其中,有 29 家公司共同签署。

联想因为摩托罗拉移动(下称摩托罗拉)对 LDPC code 进行了大量的研究,产生和拥有 40 多个专利。通过和谷歌公司的协议,联想获得了这些专利的保护,其中包括标准必要专利(SEP)。但联想(包括摩托罗拉)没有任何 Polar code 专利。

支持 Polar code 方案(R1-1610850)的则以中国公司为主体,由华为牵头,包括中兴、信威、普天、小米、OPPO、vivo、Coolpad、展讯等。其中在编码方面技术积累较深的公司有华为、中兴、MediaTek,还包括中国联通、中国电信、德国电信,以及中国台湾的中华电信等运营商。一共 27 家公司签署了此提案,中国移动并没有支持这个提案。

支持 LDPC+Turbo code 组合方案(R1-1610604)的公司最少,由 Ericsson、LG、NEC、Sony、Orange(法国电信)等 7 家公司联名签署,主要是日本和欧洲的企业。

由于各个公司对三个提案意见各异、相持不下,无法达成共识,这一次表决没有形成任何决定。

2. 中兴提议

这时,由中兴牵头提出了 LDPC+Polar code 混合方案(R1-1610607),将数据信道数据块大小分为长码块和短码块,其中数据信道长码块用 LDPC code,数据信道短码块用 Polar code。这是第一次提出长短码概念,之前并没有。自始至终,长码短码的概念仅限于数据信道,不适用于控制信道。不过,中兴这个提案没有得到通过,但在会议主席的记录上并没有显示出有哪些公司反对。

3. 主席询问—意见的分化

此时,会议主席主动询问了各个公司的意向,是否愿意接受在数据信道里同时使用多种编码方式,选择哪个编码方案或者哪些方案的组合。据内部调查报告所述,爱立信、索尼、夏普、诺基亚、上海贝尔、三星、英特尔、高通、Verizon、KT、IITH、IITM、Fujitsu、KDDI、华为、联想、摩托罗拉移动都表示,数据信道只能使用一种编码方式;其中只有华为一家支持 Polar code 方案,而其他各家公司都支持 LDPC code 方案。

支持 LDPC code 方案的企业没有变,但这个时候最初支持 Polar code 的公司发生了分化。包括华为终端在内的很多公司,都转而支持 LDPC+Polar code 的混合方案,只有华为仍在坚持用 Polar code 作为数据信道编码的唯一方案。

支持 LDPC+Turbo code 混合方案的公司也基本没有变化,只是此时爱立信已经改为支持 LDPC code 作为唯一方案。

4. 针对华为新提案的反向表决

此时,各家公司又分别进行了更多的技术陈述和讨论。通过讨论,LDPC code 方案的技术优势,特别是在数据信道长码上的优势,得到了更多公司的肯定。

华为看到 Polar code 方案作为数据信道的唯一编码方案得不到其他公司的支持,提出"数据信道长码用 LDPC code,数据信道短码用 Polar code"方案,会议主席随后又发起了第三次表决。反对这个方案的公司有英特尔、高通、LG、Nokia、ASG、Motorola Mobility。

由于每个提案都有很多公司反对,三个提案都无法原封不动地通过。按照 3GPP 的工作原则,会场主席可以把三个提案里的共同点(即无人反对的部分)作为最终决议决定下来。由于在这次表决里,所有公司对 LDPC code 用于数据信道长码均无异议,而对于数据信道短码的三种意见仍然相持不下,所以数据信道长码达成了决议。

会议同时也确认,针对其他场景(URLLC、mMTC)的 5G 数据信道编码方式,以及 eMBB 控制信道编码方式,都留给后续会议解决。

5. 第 87 次会议

2016 年 11 月,3GPP 在美国召开了 RAN1 87 会议,主要讨论的是 5G 数据信道短码方案以及 5G 控制信道方案。

在这次会议上,联想出于战略上的考虑,改变了对 Polar code 的看法,给予了华为 Polar code 方案全面支持,对华为 Polar code 用于数据信道短码和 Polar code 用于控制信道的方案,都投了赞成票。华为两次发起关于数据信道短码的提案均有联想签署。

华为的第一个提案是建议 eMBB 数据信道使用两种编码方式。以华为为首的 33 家公司联署了这个提案,包括联想和 Motorola Mobility;另有 2 家公司表示了支持(非联署)。

华为的第二个提案是建议 eMBB 数据信道短码使用 Polar code。以华为为首的 57 家公司联署了这个提案,包括联想和 Motorola Mobility。

上述两个提案都遭到了很多公司的反对。对第二个提案表示反对的公司有 Ericsson、高通、Nokia、上海贝尔、三星、LG、ETRI、KT、Verizon、英特尔、DoCoMo、IMT、KDDI、NEC 等 14 家。

反对"eMBB 数据信道短码使用 Polar code"的意见是,如果在数据信道上同时使用两种不同的编码方式,在芯片里必须同时实现两种译码器,而导致芯片成本增加,功耗增大。由于这些公司的强烈反对,Polar code 作为数据信道短码编码方案已经没有可能。

虽然 Polar code 作为数据信道短码编码方案已无可能,但根据 3GPP 规程,此时用 LDPC code 作为数据信道短码的编码方案并没有自动得以通过。最终,通过了用 LDPC code 作为数据信道短码的编码方案,是 LDPC code 支持者和 Polar code 支持者妥协的结果。

而在 5G 控制信道编码方案中,Polar code 方案优势较为明显。美国时间 2016 年 11 月 17 日 0 时 45 分,在 3GPP RAN1 第 87 次会议的 5G 短码方案讨论中,中国华为公司的 Polar code 方案,成为 5G 控制信道 eMBB 场景编码的最终方案。

3.6 小结

每一项技术的发展都会伴随着标准的制定,本章内容从 5G 标准规划的产生、5G 新空口技术所涉及的关键标准、5G 核心网的构成等不同角度,详细解读了 5G 的标准组成。此外,通过移动网络架构的演进、移动运营商的切实关注及面向未来的战略部署等方面,详细解释了 5G 标准与 4G 之间的短期融合、衔接与过渡。与此同时,本章通过介绍可能的 5G 编码方式、国际标准化组织 3GPP 的工作方式,以及两次关键性的 3GPP 会议,让读者熟悉了 5G 的编码标准。通过编者详细的解读与案例分析,让读者对 5G 多方面的标准以及未来的发展态势有了全面的了解。

3.7 习题

(1) 举出可以视为短距离无线通信协议的两个协议,描述他们分别支持的服务或业务。

(2) 举出可以视为长距离无线通信协议的两个协议,描述他们分别支持的服务或业务。

(3) 简述 5G 标准化的优势。你认为标准化有没有弊端? 如有,请进行相应的描述。

(4) 举出一个你认为应该有协议但是迄今为止尚未建立有效协议的领域或例子,简述你对该领域的理解。

(5) 简单谈谈你对 5G 和 WiFi 融合的看法,你觉得他们的融合是否可行? 或者你推荐的融合方式是怎么样的?

(6) 具体而言,现阶段 5G 与 WiFi 融合面临"仅支持 WiFi 的终端如何连接到 5G 核心网"的问题。就此问题展开讨论(从技术、运营等层面),说说你的观点。

(7) 为了更好地服务客户并提供完整的 5G 体验,需要在 5G 核心网络内确保对于非 3GPP 技术的紧密集成。你觉得有哪些非 3GPP 技术可以与 5G 核心网络集成? 该如何集成?

(8) EPC 和 5GC 分别指的是什么? 他们之间的明显不同有哪些?

(9) 3GPP 对于 5G 的标准包括了 R15、R16 以及 5G R16。请简要描述他们之间的不同。

(10) 5G 新空口技术的特点是哪些? 它的关键指标(带宽、延时等)都有哪些?

(11) 5G NR 是通过何种配置(如帧结构、载波间隔、周期设置)做到支持不同的带宽需求的?

(12) 5G NR 是如何做到支持基于波束的系统设计的?

(13) 5G 核心网采用基于面向服务架构的新系统,主要体现在哪些方面? 建议从业务层、控制层、传输层以及安全机制方面描述。

(14) 什么是 5G 虚拟化网络切片? 它有哪些特点?

(15) 5G 网络建设可以分为非独立组网(NSA)和独立组网(SA)两种方式。简述这两种方式各自的优点和缺点。

(16) 采用非独立组网发展 5G,是不能实现超可靠、低延时通信(URLLC)和海量机器类通信(mMTC)等新服务的。请简要描述其中的缘由,以及实现上述服务需要对网络做哪些必要的调整和建设?

(17) 在 5G SA 架构部署中,建议使用"共站点"策略。简述"共站点"的含义,及这种策略的优缺点。

(18) 5G NSA 架构的部署策略分为哪两个阶段? 这种部署策略的复杂性体现在哪里?

(19) 5G 标准中的数据信道采用的是 LDPC code,控制信道采用的是 Polar code,这两种编码的性能并没有特别的差异。你觉得 3GPP 没有统一采用一种编码的主要原因是什么?

（20）3GPP 采用的共识方式具体有几个原则? 一个公司如果想要使自己的提案获得通过,你建议应该做哪些工作?

（21）不同意在数据信道上同时使用两种不同的编码方式的主要原因是什么?

（22）华为提出的 Polar code 作为控制信道的编码标准获得了通过。有专家称"这样的结果意味着在短代码编码中华为击败了霸占着核心技术的高通公司,并宣布高通规则时代已经结束",请问你的观点? 并描述支撑你观点的具体论证。

（23）通过 3GPP 确定 5G 编码方式的两次会议,来谈谈你对建立国际标准的流程的感受:什么是决定一项技术成为国际标准的关键因素? 如果想让一项技术成为国际标准,应该从哪些方面准备?

4

5G 芯片

有一种说法是"5G 芯片是物联网时代的标配"。不同于 4G 芯片,5G 芯片不仅仅用于手机,它将是物联网时代的标配技术,在无人驾驶、工业互联网、智能家居、零售、物流、医疗、可穿戴设备等领域都将大有用途。据相关数据预测,2035 年 5G 将带来十万亿美元的经济效益。在本章中,我们将首先介绍有关芯片的知识,芯片的制作方式;然后介绍 5G 基站、终端、手机以及相关交叉领域芯片的研发现状。通过本章内容,读者不仅可以了解芯片制造的大致流程,也可了解 5G 芯片的全球研发、制造布局和现状,为读者相关决策提供初步的参考。

4.1 芯片知识入门

为了能更加全面地了解 5G 的芯片研发现状和技术,先简单介绍有关芯片的知识。

4.1.1 MOS 场效应管

首先,有必要解释一下实现电路的基本单元,也是芯片中所包含的基本元素:MOSFET(Metal Oxide Semiconductor Field Effect Transistor)即金属氧化物半导体型场效应管的工作原理。

MOS 本身可以认为是一种制造大规模集成电路芯片的技术。MOS 场效应管一般有耗尽型和增强型两种。增强型 MOS 场效应管的内部结构可分为 NPN 型和 PNP 型,分别称作 N 沟道型和 P 沟道型,即 PMOS 和 NMOS。具体而言,PMOS 是指 N 型衬底、P 型沟道,靠空穴(带正电)的流动运送电流的 MOS 管,其全称是 Positive-channel Metal Oxide Semiconductor;而 NMOS 是指 P 型衬底、N 型沟道,靠自由电子(带负电)的流动运送电流的 MOS 管,即 Negative-channel Metal Oxide Semiconductor。而两者结合起来就是 CMOS(Complementary Metal Oxide Semiconductor),可以使得功耗更低。

在使用 N 沟道场效应管的情况下,其源极和漏极连接到 N 型半导体;在使用 P 沟道场效应管的情况下,其源极和漏极连接到 P 型半导体。可以看到,传统的三极管都是由输入的电流来控制输出电流的。但对于场效应管而言,其输出电流是由输入的电压(或电场)控制的。我们也可以认为场效应管的输入电流非常小或者几乎没有,这使得该器件具有很高的输入阻抗。这也是我们称之为场效应管的原因。

为了说明 MOS 场效应管的功能原理,首先要了解只有一个 PN 结二极管的工作过程。一个由 P 型半导体和 N 型半导体形成的 PN 结,在 P 型半导体和 N 型半导体的交界处,由于 N 区的自由电子浓度较大,于是 N 区的自由电子会由 N 区向 P 区扩散,其结果就是使 P 区靠近 N 区的部分带负电,而 N 区靠近 P 区的部分带正电,形成了界面处两侧的空间电荷层,并伴随有自建电场,也称作 PN 结内电场。内电场将阻止自由电子从 N 区向 P 区扩散而产生扩散电流。当不存在外加电压时,扩散电流和自建电场处于电平衡状态。当产生正向电压偏置时,外界电场与自建电场的互相抑制作用使载流子的扩散电流增加引起了正向电流,这就是二极管导电的原因。当产生反向电压偏置时,外界电场与自建电场进一步加强,形成在一定反向电压范围中,与反向偏置电压值无关的反向饱和电流,成为二极管不导电的原因。

分析表明,在使用场效应管的情况下,当栅极没有电压且场效应管关闭时,源极和漏极之间没有电流。当正电压施加到 N 沟道 MOS 场效应管的栅极时,N 型半导体的源极和漏极的负电荷涌向电场的栅极,被氧化膜阻挡,发生电子在两个 N 沟道之间的 P 型半导体中累积,在源极和漏极之间形成导电电流。在两个 N 型半导体之间存在凹槽,栅极电压的结构对应于它们之间的桥,桥的尺寸由栅极电压决定。

4.1.2 VMOS 场效应管

VMOS(V-groove Metal-oxide Semiconductor)场效应管简写为 VMOS 管或功率FET,也称为 V 型槽 MOS 场效应管,是自 MOSFET 开发以来开发的高效功率开关器件。它继承了 MOS 场效应管的高输入阻抗,同时具有低驱动电流、高耐受电压、高工作电流以及高功率,出色的跨导线性度,快速开关速度和其他特性。结合真空管和功率晶体管的优点,它经常被用于电压放大器(高达数千倍的电压增益)、功率放大器、开关电源和逆变器。

众所周知,传统 MOS 场效应管的栅极、源极和漏极基本上处于芯片的相同水平,并且工作电流基本上水平流动。VMOS 管不同,其金属栅极具有 V 型槽结构,且具有垂直导电性。由于漏极从芯片背面被拉出,因此工作电流不会沿着芯片水平流动,而是从重掺杂 N+区域(源极 S)出发,通过 P 沟道流入轻掺杂 N—漂移区域,最后垂直向下到达漏极 D。VMDS 管中可供电荷流通的横截面积增大,电流也随之增加。由于在栅极和芯片之间存在二氧化硅绝缘层,因此 VMDS 管仍然属于绝缘栅 MOS 场效应晶体管。

4.1.3 场效应管和晶体管的不同

两者之间的不同主要体现在如下四个方面:

(1) 场效应管是电压控制元件,晶体管(例如三极管)是电流控制元件。如果从信号源流出的电流很小,则使用场效应管;如果信号电压较低,并且从信号源汲取电流,则需要选择晶体管。

(2) 由于场效应管使用多数载流子导电,因此称为单极器件;晶体管同时具有多数载流子和少数载流子,因此被称为双极器件。

(3) 一些场效应管具有可互换的源极和漏极电极,栅极电压可以是正的或负的,并且灵活性优于晶体管。

（4）场效应管可以在非常低的电流和低电压条件下工作，并且可以容易地将许多场效应管集成在单个硅片上，因此可以在大规模集成电路中集成场效应管，相比晶体管应用范围更为广泛。

4.1.4 CMOS 的制作流程

我们来了解一下 CMOS 在集成电路晶圆代工企业（Foundry）是怎么生产的。首先要知道 Foundry 从硅片供应商那里拿到的晶圆（wafer，也称晶片）是一片一片的，半径为 100 mm 或者是 150 mm 的晶圆，类似于一个大饼，通常被称作衬底。在这样一个"大饼"上实现 CMOS 的模型架构，实际的过程需要几千个步骤。接下来我们对其中的主要步骤加以说明。

1. 制作 Well 和反型层

通常说的阱（Well）是通过离子植入（Ion Implantation）的方式进入到衬底上的。制作 NMOS 需要植入 P 型 Well，制作 PMOS 需要植入 N 型 Well。以制作 NMOS 为例：通过植入离子的机器将需要植入的 P 型元素打入到衬底中的特定深度，然后在炉管中高温加热，让这些离子活化并且向周围扩散。这样就完成了 Well 的制作。

在制作 Well 之后，还有其他离子植入的步骤，目的就是控制沟道电流和阈值电压的大小，所植入的层统一称为"反型层"。如果是要做 NMOS，反型层植入的是 P 型离子；如果是要做 PMOS，反型层植入的是 N 型离子。离子植入过程还需要注意能量、角度、离子的浓度等。

2. 制作 SiO_2 层

在 CMOS 的制作流程中，制作 SiO_2 的方法有很多。SiO_2 是用在栅极下面的，它的厚度直接影响了阈值电压和沟道电流的大小。所以大多数硅片在这一步都是选择质量最高、厚度控制最精确、均匀性最好的炉管氧化方法来制作。在通入氧气的炉管中，通过高温，让 O_2 和 Si 发生化学反应，在 Si 的表面生成薄薄的一层 SiO_2。这个步骤需要控制具体温度、氧气浓度、高温保持时间等。

3. 栅端 Poly 的形成

这里形成的 SiO_2 只是相当于螺纹，真正的栅极（Poly）还没有开始做。下一步就是在 SiO_2 上面铺一层多晶硅。多晶硅由单一的 Si 元素组成，但是晶格排列方式不同。形成 Poly 也是 CMOS 制作非常关键的一个环节，但是 Poly 的成分是 Si，不能像生成 SiO_2 那样通过让 O_2 和 Si 衬底直接反应生成，这就需要化学气相沉淀（Chemical Vapor Deposition，CVD），就是在真空中发生化学反应，将生成的物体沉淀到 Wafer 上。在这个例子中，生成的物质就是多晶硅，然后沉淀到 Wafer 上。这种方法形成的多晶硅会沉淀在整片 Wafer 上。

4. Poly 和 SiO_2 的曝光

至此已经基本形成了垂直结构，最上面是 Poly，下面是 SiO_2，再下面是衬底。接下来需要在特定位置做出嵌入的结构，这就需要整个工艺流程中最关键的一步——曝光。先在 Wafer 表面铺一层光刻胶，也称光阻，然后用定义好的掩膜版（掩膜版上已经定义好了电路图形）放在上面，最后用特定波长的光线照射，被照射的地方光阻会变活化，由于被掩膜版挡住的地方没有被光源照到，所以这块光阻没有被活化。

由于被活化的光刻胶特别容易被特定化学液体洗掉,而没有被活化的光刻胶不能被洗掉,所以通过光线照射后,再用特定化学液体洗掉已经活化的光刻胶,在需要保留 Poly 和 SiO_2 的地方留下光阻,在不需要保留的地方除去光阻。

1) Poly 和 SiO_2 的刻蚀

接着要把那些多余的 Poly 和 SiO_2 刻蚀掉,也就是去除掉。刻蚀技术可以分为定向刻蚀和非定向刻蚀,定向刻蚀是指在某个特定方向进行刻蚀,而非定向刻蚀就是不定向地进行刻蚀。之后再除去光阻。此时除去光阻的方法不同于之前提到的通过光的照射活化的方法,而是通过其他方式,因为不需要在这个时候定义特定的去除区域,只需将光阻全部除掉即可。最终完成保留特定位置 Poly 和 SiO_2 的目的。

2) 源端和漏端的形成

源端和漏端由离子植入相同类型的元素形成。这时可以在需要植入 N 型的源/漏区域上用光阻开口,由于被光阻盖住的部分是不能被植入的(因为光被阻挡了),所以只有在需要的 NMOS 上才会植入 N 型元素。由于 Poly 下面的衬底被 Poly 和 SiO_2 挡住,所以也不会被植入。到这里,一个简单的 MOS 模型就制作出来了,理论上,在源端、漏端、Poly(栅极)和衬底上加上电压,这个 MOS 已经可以工作了;实践中还需要给 MOS 布线,也就是在这个 MOS 上面连导线,让很多 MOS 连在一起后进入工作状态。

3) 制作导通孔(Via)

布线的第一步是在整个 MOS 上盖一层 SiO_2。这层 SiO_2 是通过 CVD 的方式产生的,因为这样速度快、节省时间。接下来还是铺光阻、曝光的流程,然后再用刻蚀的方法在 SiO_2 上刻蚀出一个洞,洞的深度直接接触 Si 表面。最后再除去光阻。此时要做的就是在这个洞里填导体,大部分填的都是钨(Tungsten)的合金,采用物理气相沉淀(Physical Vapor Deposition,PVD)的方式来填入,即使用高能量的电子或离子轰击靶材,被打碎的靶材会以原子的形式降落到下面,这样就形成了下面的镀膜。在填洞的时候,不可能控制镀膜的厚度正好等于洞的深度,所以会多填一些,这样就用到了化学机械研磨(Chemical Mechanical Polishing,CMP)技术,即将多余的部分磨掉。到了这里就完成了一层导通孔的制作,制作导通孔的主要目的是为了后面的金属层布线。

4) 金属层制作

接着,我们用 PVD 的方式再镀一层金属。这个金属主要是以铜为主的合金。再经过曝光、刻蚀,然后不断地往上叠加,直到满足需求。在画版图时,会明确使用的工艺最多有多少层金属、多少层导通孔,就是指它可以叠加多少层。最终得到的结构的最上面是芯片的引脚,封装之后就成了我们能看到的管脚。这就是一颗芯片制作的大概流程。

通过上面的讲述,我们了解了半导体硅片到芯片制成需要经过炉管氧化、CVD、曝光、刻蚀、CMP、PVD 等技术,当然还有其他更多制程,感兴趣的读者可以在别的参考书里看到更为详细的介绍。

4.2 5G 终端基带芯片

4.2.1 华为 5G 多模终端芯片巴龙 5000

华为从 2009 年开始 5G 研发,投入 5G 研发的专家工程师有 5700 位之多,其中有超过 500 位 5G 专家,并在全球范围建立了 11 个 5G 研创中心。经过这些年的努力,华为逐步形成了核心的差异化优势,拥有了包含 5G 网络、芯片、终端和云服务在内的全领域能力,也是行业目前唯一能提供端到端 5G 全系统的厂商。从 5G 终端的发展节奏来说,5G 通信基带调制解调芯片即 5G Modem 是第一步,5G 多模 Modem 是第二步,到 SoC(Systems on Chip)是第三步。根据 2019 年 9 月的消息,华为已走到了第三步,实现了多模 SoC 一体化。相比之下,苹果需要"外挂",高通需要"折返跑"。不管是"外挂"还是"折返跑",都会造成很高的延时和数据传输的不稳定。

除了基站侧以外,华为在 5G 终端方面也推出了自己的芯片。早在 2019 年 1 月 24日,华为就正式推出全球 5G 多模终端芯片——巴龙 5000,以及首款基于商用 5G 芯片的终端华为 5G CPE Pro。可以看到,华为已经掌握了从系统到终端的全部先进技术,芯片也是自己研发设计的。

值得一提的是,从系统到终端的整体技术掌握,相比还是很有难度的。例如苹果截至 2019 年 9 月在通信的基带芯片方面尚没有自己的技术和产品,导致只能选择高通或者英特尔的通信基带芯片。接下来我们简要描述通信基带芯片的设计难点。

1. 基带芯片设计难度

做基带芯片需要有很多基础、核心的专利,这些专利是没有办法绕开的。在 5G 的基带通信技术领域,华为手中已有大量的通信专利,而苹果拥有的非常少。另外,通信基带并不是简单的芯片设计,通信基带芯片还需要和大量的中频、射频芯片组相集成,尤其对于 5G 而言,5G 前端芯片组可能包含多个涉及不同频段的组件。所以,如果要做基带芯片,射频这一块需要有丰富的积累,时间成本是很高的。

2. 5G 巴龙芯片的研发策略

5G 芯片的研发,相比于 3G、4G 而言,是一个更加漫长且艰难的过程。从巴龙 5000 的研发过程就能看出,这不是一件容易的事。在芯片设计之初,5G 标准尚未冻结,这种情况下,研发的挑战很大。据了解,为了应对困难,巴龙 5000 的研发在 5G 标准制订过程中同步推进,研发人员一边做一边随时看标准,标准一旦确定某一部分,就快速迭代,有些地方不一致的话就要重来。其实比较讨巧的办法是,可以先不做,等标准定了之后再做,但这样就需要冒失去业内领先的风险。华为选择的是与标准同步做,这既需要智慧,也需要勇气。

3. 巴龙芯片的十年研发史

巴龙芯片的命名来源于一座海拔 7013 米的雪山,象征着其成长的过程正如登山的过程,攻坚克难,不畏艰险。巴龙系列芯片的发展可以归纳为 3G 起步、4G 成熟、5G 领先三个阶段,如表 4.1 所示。

表 4.1　巴龙系列芯片的发展阶段

阶　　段	发　展　状　况
3G 时代	巴龙推出了上网卡,与高通各占据一半的市场份额
4G 时代	巴龙芯片系列推动实现 LTE TDD/FDD 网间全球漫游
5G 时代	巴龙在 3GPP 标准冻结后第一时间发布了全球首款 5G 商用芯片巴龙 5G01 及终端,积极推动 5G 产业的发展和成熟

从时间轴角度可以更加清晰地看到巴龙系列芯片的研发历史和取得成果,如表4.2所示。

表 4.2   巴龙系列芯片研发历史和取得成果

时　　间	巴龙系列芯片研发历史和取得成果
2009 年	巴龙芯片实现首商用,"巴龙 210"基于数据卡形态进入欧洲主流市场
2010 年	"巴龙 700"正式亮相,是全球首个支持 DD 800 MHz LTE 的芯片,也是全球首款支持 LTE TDD/FDD 的终端芯片
2011 年	"巴龙 310"商用,是当时业界集成度很高的 UMTS 终端芯片,支持 Mobile WiFi,进入了日本市场
2012 年	"巴龙 710"发布,是业界首款支持 LTE Cat.4 的终端芯片,领先业界其他企业水平一年,助力移动终端峰值速率提升至 150 Mbps
2013 年	华为发布业界首款支持 LTE Cat.6 的终端芯片解决方案——"巴龙 720",采用当时领先的 28 nm HPM 先进工艺,实测峰值下行速率达到 300Mbps
2015 年	"巴龙 750"正式发布,是业界当时第一颗支持 LTE Cat.12/13 的终端芯片,采用业界最先进的 16 nm FinFET Plus 工艺,下行最高速率可达 600 Mbps,上行最高速率可达 150 Mbps,支持 VoLTE
2018 年	"巴龙 765"在 2018 年世界移动大会(简称 MWC 2018)亮相。作为当时全球首款、业界唯一支持 8×8MIMO(8 天线多入多出)技术的调制解调芯片,巴龙 765 在全球率先支持 LTE Cat.19,峰值下载速率在 FDD 网络环境下达到 1.6 Gbps,是全球首款 TD-LTE G 比特方案
2019 年	华为正式发布 5G 多模终端芯片——"巴龙 5000"。巴龙 5000 在单个芯片上支持 2G/3G/4G/5G 网络标准。使用该芯片,5G 网络的 6 GHz 以下频段的下载速度可达 4.6 Gbps,毫米波段的最大下载速度为 6.5 Gbps。这是业内首次支持新空口 NR TDD 和 FDD 全频谱,同步支持 SA 和 NSA 两种 5G 组网方式

4. 芯片巴龙 5000 的性能

巴龙 5000 在 2019 年 1 月问世时,号称为全球最快的 5G 多模终端芯片,其主要性能可简述如下。

(1)体积小,高度集成。2G、3G、4G 和 5G 网络标准(向下兼容 4G)可以在单个芯片上实现,有效地减少了由于多种模式之间的数据交换而导致的延时和功耗。相比之下,同时期面世的高通 X50 芯片只有 5G 单模,在 2G/3G/4G 和 5G 之间,高通的方案需要在 855 和 X50 两颗芯片之间来回切换,而巴龙 5000 是多模,甚至在有些地方转换到 2G 的时候,切换都是在一颗芯片里完成的,相比之下延时更低,传输效率更高。

(2)最大下载速度达 5 Gbps,在 6 GHz 以下频段(低频频段,5G 的主频段)实现了 4.6 Gbps 的下载速率和在毫米波段(高频频段,5G 的扩展频段)实现了 6.5 Gbps 的下载速率,是 4G LTE 下载速率的 10 倍。

(3)充分考虑 5G 时代部分运营商对于 FDD 频段的部署需求以及 2G/3G 频段重耕的需求,在业内率先支持 NR TDD 和 FDD 全频谱,扩展了 5G 频谱的使用范围和场景,实现 TDD 和 FDD 高低频搭配使用,为消费者带来更加无缝的移动连接。

(4)在全球率先支持 5G SA(5G 独立组网)和 5G NSA(5G 非独立组网)网络模

式,可以灵活地满足 5G 开发各个阶段的硬件设备用户和运营商的通信需求。

(5) 是世界上第一款支持 V2X(vehicle to everything)的多模芯片,可以为汽车提供低延时和高可靠性的网络解决方案,这对实现基于 5G 的车联网至关重要。

5. 华为 5G CPE Pro

华为 5G CPE Pro 搭载了巴龙 5000,可支持 4G 和 5G 双模,这里 CPE 是指 Customer-premises equipment,即用户端固定通信设备,泛指用户连接到互联网的终端设备。华为 5G CPE Pro 在 5G 网络下下载 1GB 高清视频仅需 3 s,还可以在几秒钟内不卡顿的情况下下载 8K 视频。华为 5G CPE Pro 不仅可以在家中使用,也可以在小型企业中提供高质量的宽带接入。它支持采用华为 HiLink 协议的 WiFi 6 技术,速率高达 4.8 Gbps,可以引领智能家居通向 5G 时代。正如华为首席执行官余承东所说:"巴龙 5000 为您打开了一个新的世界,它带来了万物的感知,增强了万物智能。"通过芯片、设备、云服务和网络多方面的设备提供,产业界通过快速的连接体验,为用户带来全新的 5G 时代。

4.2.2　高通 5G 调制解调器骁龙 X55

2019 年 2 月 19 日,高通宣布推出继骁龙 X50 后的第二代 5G 新空口(5G NR)调制解调器——骁龙 X55 5G 调制解调器,也是全球首款实现 7Gbps 速率的 5G 调制解调器。工艺上,骁龙 X55 从骁龙 X50 的 10 nm 升级为 7 nm,功能和性能方面也有不同程度的提升。通过骁龙 X55,可以看到 5G 时代的三个关键点:5G 高复杂度、整体方案、应用场景不再局限。在 5G 模式下,骁龙 X55 可以实现高达 7 Gbps 的下载速度和高达 3 Gbps 的上传速度;它还支持 22 类 LTE,下载速度高达 2.4 Gbps。巴龙 5000 同样采用 7 nm 工艺,相比之下,巴龙 5000 的下载速率在毫米波频段达 6.5 Gbps,在 Sub-6 GHz 频段实现 4.6 Gbps。骁龙 X55 支持全球所有主要频段,包括毫米波频段和 6 GHz 以下频段。骁龙 X55 支持 TDD 和 FDD 运行模式,支持独立和非独立网络部署,支持 4G/5G 频谱共享,即在同一小区里面,使用骁龙 X55 可以同时共享 4G 和 5G 的重叠频谱,即向下兼容 4G 技术。这些特性均与巴龙 5000 相同。

此外,骁龙 X55 支持全维度 MIMO,在这一技术的支持下,小区的天线阵列除了在水平方向,还可以在垂直方向上进行波束成形和波束导向,提升整个空间的覆盖面积和效率。

4.2.3　骁龙 855 移动平台与 Modem 联合支持 5G

2018 年 12 月 5 日,高通联合全球移动运营商 AT&T、EE、Telstra 和 Verizon,全球电信设备供应商爱立信,全球网络设备供应商及领先的移动运营商三星,和终端制造商摩托罗拉、NETGEAR、Inseego,宣布推出第一个商业 5G 移动平台——高通公司骁龙 855 移动平台。

骁龙 855 移动平台是世界上第一个商用移动平台,支持数千兆比特 5G 传输、人工智能(AI)和身临其境的扩展现实(XR)。骁龙 855 是一个高度直观的终端侧 AI 的体验平台,采用了第四代多核心高通 AI 引擎,与先前的 AI 引擎相比,有高达 3 倍或更好的 AI 性能。骁龙 855 还集成了世界上第一台计算机视觉(CV)ISP,支持最先进的计算机摄影和视频捕捉。此外,Snapdragon Elite Gaming 通过该平台为顶级移动设备提供全新的游戏体验。骁龙 855 还包括世界上第一个商业化的解决方案,以支持关屏超声波指纹——高通的 3D 声传感器,可以通过与不同类型的指纹相匹配,从而实现唯一精确识别的移动解决方案。此外,该解决方案还支持前卫的产品设计,具有更高的安全性和准确性。

在主题演讲中,高通总裁克里斯蒂安诺·阿蒙指出,高通拥有骁龙 855 移动平台、骁龙 X55 5G 调制解调器系列、天线组件的 Qualcomm QTM052 毫米波天线模块、RF 收发器和 RF 前端模块,能帮助 OEM 厂商应对支持 6 GHz 以下和毫米波波段 5G 终端的复杂设计。

特别需要注意的是,高通的 5G 终端芯片方案是移动平台芯片和基带芯片结合在一起来支持 5G。华为的巴龙 5000 芯片,不需要另外的移动平台。此外,从资料上可以看到,巴龙 5000 是世界上第一款支持 V2X 的多模芯片,为车辆提供低延时、高可靠性的网络解决方案,这似乎是骁龙 X55 所不支持的。

4.3 5G 基站芯片

4.3.1 华为 5G 基站芯片(组)——天罡芯片

在 2019 年世界移动大会的预沟通会上,华为除了宣布 5G 多模终端芯片巴龙 5000、华为 5G CPE Pro 之外,还宣布了当时全球首款 5G 基站核心芯片:华为天罡。由此可见,华为的端到端,涵盖"端""管""云",是从终端到网络再到云数据中心全覆盖的端到端。

华为天罡 5G 基站核心芯片在集成度、计算能力、光谱带宽等方面有很大的突破,是强大的计算能力、有源 PA(功率放大器)和无源阵列的大规模集成,支持最新算法和波束成形,单芯片控制最多 64 个通道;支持 200M 运营商频谱带宽,可以满足未来的网络部署需求。

2019 年 2 月,华为是当时业界首家,也是唯一一家在 C 波段上有能力支持 200 兆频宽的 5G 基站、在 2.5GHz 频段 160 兆带宽上可以规模商用 AAU 的厂商。这意味着运营商采用华为设备一次部署可以满足未来 5G 时代的需求。在工程能力方面,据华为调研,面向 5G 大概 60%~70% 的站点不需要改造,而基于天罡芯片带来的功耗大幅度下降优势,90% 的站点可以直接使用城市供电。

与此同时,天罡 5G 基站核心芯片彻底改变了 AAU。与标准 4G 基站相比,天罡 5G 基站尺寸减小了 50%,重量减轻了 23%,安装时间更短。这不仅节省了一半的时间,使现场勘察和安装都简化,更有效地解决了高成本问题。

3G/4G 时代,产业界并没有着重介绍芯片,为何在 5G 时代对基站核心芯片进行特殊宣传? 对此,华为 5G 产品线总裁杨超斌表示,4G 时代建网模式用最简单的一个词说就是重耕(refarming),重耕对硬件没有太多要求,只需要用 2G、3G 的硬件重耕到 4G,相对来说对芯片的要求会低一些。5G 跟 4G 相比引入了大带宽(4G 最高带宽是 20M,5G 在 100M 左右,很多运营商还有 200M,甚至 400M 带宽),在如此之多的天线和带宽的情况下,对于芯片信号处理要求上了一个台阶。在 5G 时代,如果芯片和核心算法做不好,产品很难出来,即使出来以后也无法商用。杨超斌强调"这也就是为什么我们认为在 5G 时代,芯片是核心。这也是为什么我们过去那么多年,花了那么多力量来开发天罡芯片。天罡芯片不是一颗,是几颗芯片。"

4.3.2 华为 5G 基站

5G 规模商用需要以打造 5G 极简网络为前提,即系统需要满足极简站点、极致体验、极低能耗、极简架构、极简运维这五大条件。华为满足这些条件的具体情况如下。

(1) 极简站点。以基站为例,传统的 4G 基站需要大型吊车设备去安装,目前市场上的 5G 基站仅比 4G 基站小一点点,安装很不方便,费时又费人工。搭载了天罡芯片的华为 5G 基站尺寸减小超 50%,重量减轻 23%,其重量约 20kg。对比传统 5G 基站,华为新 5G 基站基本实现了用一根杆就可以进行 5G 基站建设,且只需一个成年男子就可以实现便捷安装。更重要的在于,天罡芯片可以让市面上存在的 90% 的基站在不更改供电的情况下直接升级 5G,并将基站重量减少一半。如此一来,整个 5G 基站的搭建成本至少可以节省一半以上。

(2) 极致体验。大带宽多天线技术使超高传输速率的体验无处不在。

(3) 极低能耗。5G AAU 能效突破 5000 GB/kW·h,是 4G 网络能效的 20~30 倍。

(4) 极简构架。华为 5G 网络支持 NSA 和 SA 双构架,满足不同类型的终端接入。华为的新 5G 基站完全不需要铺设光纤,配合华为 5G CPE Pro,就可以在手机、电脑、电视等终端使用 5G 网络。5G 基站的辐射范围更广,对比 4G 基站数量减少一半,同时设备容量是传统设备的 20 倍。

(5) 极简运维。华为提出的 AI 网络自动化技术,实现快速网络开通、性能最优、资源最省配置。

4.3.3 Sivers IMA 毫米波 5G 基站芯片

Sivers IMA 是一家领先的国际知名的毫米波产品开发商和制造商,有着 60 多年的毫米波技术创新经验。Ampleon 公司拥有 50 多年的 RF 功率解决方案领先地位,目前为 4G 和 5G 基站提供 Sub-6GHz 的 RF 功率解决方案,其客户包括多家顶级宏蜂窝基站 OEM 厂家。2019 年 1 月 8 日,Sivers IMA 表示,将与 Ampleon 共同开发一款 5G 基站芯片,预计该毫米波组件产品将于 2019 年底推向市场。这款 5G 芯片的开发是为了满足各家顶级 5G 基站 OEM 厂商开发下一代毫米波 5G 基站产品达到"世界一流的毫米波芯片技术"的需求。

Ampleon 将为合作开发提供约 40 万美元的资金,并将成为该款毫米波 5G 基站芯片的主要销售渠道。

Sivers IMA 的首席执行官 Anders Storm 表示,作为 5G 联盟的一部分,Sivers IMA 已经在 2018 年与 Ampleon、Fujikura 及其他未公开的合作伙伴合作,开发出了一个可工作于 28GHz 频段的 5G 收/发器芯片,产品型号为"TRX BF02",现在已准备好进行客户测试。目前,该芯片已经能够用于 5G 固定无线接入中的毫米波 5G 小基站以及 5G 客户端设备,也可用于其他一些 5G 用例。而与 Sivers IMA 合作的新的毫米波 5G 基站芯片开发则是更进一步,以满足各家顶级 5G 基站 OEM 的特定需求,同时为 5G 基站提供解决方案。

此外,Siver IMA 还宣布,其型号为"TRX BF01"的 WiGig 芯片已经可以批量生产,符合 JEDEC 标准,即压力测试驱动的集成电路认证——确保元件可靠性的全球行业标准。相关的资格认证测试包括各种与压力相关的测试,包括长时间模拟使用(正常使用超过 10 年),以及耐寒、耐热、耐压、耐湿和静电放电测试。"TRX BF01"是一款无线速率可达到数吉比特每秒的芯片,可用于下一代免许可 5G,或用于固定无线接入(FWA)到家庭,还可用于网状网络以提供 5G 回传。Sivers IMA 声称"TRX BF01"是唯一可以在 57~71 GHz 频段范围内使用整个免许可 5G 频段的芯片(在英国和美国,该频段目前作为免费的非授权 5G 频谱)。

据悉,"TRX BF01"芯片已经出售给英国一家运营商——剑桥通信系统公司(CCS),该公司目前正在英格兰的多个地方建设基于非授权频段的 5G 系统。2019 年 2月,剑桥通信系统公司发布其 Metnet 60G 非授权毫米波频段无线组网解决方案,其可提供高达 12 Gbps 的接入速率——目前在英国巴斯的历史中心提供千兆回程,支持交互式 5G 智慧旅游应用,并使用增强现实(AR)以及虚拟现实(VR)技术来增强用户的视觉体验。

整个巴斯历史中心的 CCS Metnet 60 GHz 自组网无线网络的部署和上线,是英国 5G 试验床平台计划的一部分。测试网络由主要合作伙伴提供——包括 CCS、英国电信、Zeetta、InterDigital 和布里斯托大学智能互联网实验室,展示了 CCS 的自配置 5G、WiFi 以及毫米波回传功能。该网络展示了新型 57~71 GHz 免许可频段的 5G 创新应用,并突出了 14 GHz 频宽的巨大潜力——最近由英国通信监管机构 Ofcom 开放,通过千兆 5G 固定无线接入提供无处不在的高速无线接入服务。

4.3.4 紫光展锐 5G 微基站射频前端芯片

5G 微基站的出现,成为前端射频制造商的新增长引擎。据 Mobile Experts LLC 报道,移动射频前端市场到 2020 年将达到 190 亿美元。

面对射频前端前所未有的巨大市场潜力,紫光展锐 CTO 仇肖莘表示,这也是展锐要发力的地方,原来 RDA(锐迪科微电子有限公司,紫光集团旗下公司)有 PA(功率放大器)技术储备,也有开关开发经验,甚至还拥有 LNA(低噪声放大器)。"紫光展锐当前要思考的是,如何在这方面做布局和整合,能够在这方面取得进一步发展。如此这般,紫光展锐提供的整机解决方案才会比友商的方案更具竞争优势。"仇肖莘说到,"紫光展锐重视模组和数据产品,紫光展锐的 5G 业务是全覆盖的,它还包括了工业自动化、汽车、远程医疗、智能城市等更为广泛的应用场景。"

除聚焦 5G 外,人工智能则是紫光展锐重点布局的另一方向。仇肖莘表示,从今年开始紫光展锐规划的芯片都已增加了人工智能 NPU 单元,并且配有专门的 ISP 团队负责,比如人脸识别、语音处理、背景识别等方面的算法。据了解,紫光展锐人工智能芯片已在 2019 年问世。

4.3.5 滤波器 SAW(Surface Acoustic Wave filter)、BAW(Bulk Acoustic Wave filter)的未来

射频干扰一直是无线通信的天敌。随着每台设备内所支持频段的日益增多,当今的无线设备必须要同时防范来自其他设备及自身的干扰信号。

5G 基站和智能手机都必须做到能够过滤几十个频段的 2G、3G、4G 和 5G 无线接

入方式的传输和接收路径,也包括 WiFi、蓝牙和 GPS 接收器的过滤,隔离每个接收路径中的信号。例如市场上现有的多频段智能手机需要八个或九个滤波器和八个双工器。作为实现上述功能的基础,声学滤波技术尤为关键。接下来我们就 SAW、BAW 滤波器原理进行简要的介绍。

未来几年,这些滤波器及双工器的各种选择将成为各类无线设备更重要的组成部分。随着各类发射器的增加、更高频率内更多无线频段的分配,加之全球频谱管理依然各自为政,射频干扰抑制将变得越来越具有挑战性。

1. 声表面波(SAW)滤波器

SAW 滤波器广泛应用于无线通信接收机前端以及双工器和接收过滤。SAW 滤波器将低插入损耗与良好的抑制性能相结合,比传统的腔体和陶瓷滤波器小得多。因为 SAW 滤波器被制作在晶圆上,所以可以低成本地进行批量生产。SAW 技术还支持将用于不同频段的滤波器和双工器整合在单一芯片上,且仅需很少或根本不需额外的工艺步骤。

存在于具有一定对称性晶体内的压电效应是 SAW 滤波器的"电动机"及"发电机"。当对这种晶体施以电压,晶体将发生机械形变,将电能转换为机械能。当这种晶体被机械压缩或展延时,机械能又转换为电能。在晶体结构的两面形成电荷,使电流流过端子和/或形成端子间的电压。电气和机械能量间的这种转换的能量损耗极低,无论是电/机能量转换还是机/电能量转换,效率都可高达 99.99%。

在固态材料中,交替的机械形变会产生速度为 3 000~12 000 m/s 的声波。在 SAW 滤波器内,对声波进行导限以产生极高品质因数(Q 值可达数千)的驻波(standing waves)。这些高 Q 值的谐振是 SAW 滤波器的频率选择性和低损耗特性的基础。

在一款基础 SAW 滤波器中,电输入信号通过间插的金属交指型换能器(IDT)转换为声波,这种 IDT 是在诸如石英、钽酸锂($LiTaO_3$)或铌酸锂($LiNbO_3$)等压电基板上形成的。在一款非常小的设备内,IDT 的低速特性非常适合众多波长的声波通过。

但 SAW 滤波器有局限性。高于 1 GHz 时,其选择性降低;在 2.4 GHz 左右,其使用仅限于对性能要求不高的应用。SAW 器件易受温度变化的影响,是个老大难问题:温度升高时,其基片材料的刚度趋于变小、声速也降低。

一种替代方法是使用温度补偿型 SAW(TC-SAW)滤波器,它是涂有涂层的 IDT 结构,随着温度升高而固化。由于温度补偿过程需要双掩模层,TC-SAW 滤波器制造起来更复杂且昂贵,但仍然比 BAW 滤波器便宜。

2. 高性能体声波(BAW)滤波器

虽然 SAW 和 TC-SAW 滤波器适用于频率高达 1.5 GHz 的应用,但 BAW 滤波器提供的性能更优。BAW 滤波器的尺寸也随着频率的增加而减小,使其成为要求苛刻的 3G、4G 和 5G 应用的理想选择。此外,即使采用高带宽设计,BAW 滤波器也不易受温度波动的影响,并且具有非常低的损耗和非常尖锐的滤波器裙边(filter skirt)。

不同于 SAW 滤波器,BAW 滤波器内的声波垂直传播。在使用石英作为衬底的 BAW 谐振器中,沉积在石英衬底顶部和底部的金属激发声波并从顶部到底部反弹声波,它形成一个固定波。而板的厚度和电极的质量决定了谐振频率。在 BAW 滤波器的高频下,压电层的厚度必须为几微米的量级,从而通过在支撑衬底上的薄膜沉积和微机械加工技术来实现谐振器结构。

为了把声波留在压电层里震荡,有一种方法是在谐振器里堆叠不同刚度和密度的薄层,形成声学布拉格反射器(Bragg reflector),可以防止声波扩散到基板。这种结构的 BAW 谐振器被称为 BAW-SMR(solidly mounted resonator)。另一种常用的谐振器结构称为 FBAR(film bulk acoustic resonator),即声膜体积谐振器,这种结构是在石英衬底顶部和底部之间进行蚀刻,形成悬浮的薄膜和腔体。FBAR 的缺点是薄膜结构必须足够坚固,同时相比 BAW-SMR 而言,散热也是一个不容忽视的问题。

上述两种类型 BAW 滤波器的声能密度都很高,其结构都能很好地传导声波,它们的损耗都非常低。在微波频率,BAW 可实现的 Q 值在可比体积下比任何其他类型的滤波器都高,如工作在 2GHz 时,Q 值可达 2500,这使得即使在通带边缘的吃紧处,它也有极好的抑制和插入损耗性能。

虽然 BAW 和 FBAR 滤波器的制造成本更高,但是其性能优势非常适合极具挑战性的 LTE 频带以及更高频带。BAW 和 FBAR 滤波器的叉指换能器(interdigital transducer,IDT)可以做得足够大,能够支持更高的射频功率,如工作在 2 GHz 时,功率可达 4 W。

随着频率拥塞变窄并放弃保护频带,对高性能滤波器的需求显著增加。BAW 技术可以构建具有非常陡峭的滤波器边缘、高抑制率和低温漂的窄带滤波器,非常适合解决相邻频带之间非常困难的干扰抑制问题。

BAW 设备所需的制造工艺是 SAW 设备的十倍。但是,由于它们是在较大的晶圆上制造的,因此每个晶圆制造的 BAW 器件大约是 SAW 器件的四倍。然而,BAW 的成本仍然高于 SAW。但是,对于 2 GHz 及更高的频段,BAW 是唯一可用的解决方案。因此,智能手机上 BAW 滤波器的所占百分比已迅速增加。

4.4 5G 手机芯片

4.4.1   5G 芯片制作的难点简述

5G 手机在 2019 年已开始陆续问世。与此同时,各家芯片厂在今年不断推出自己的 5G 芯片,使得外界对于手机芯片的发展方向与各家在 5G 芯片的布局更加关注。除了高通、英特尔、华为之外,联发科的 Helio M70 手机芯片也来参赛,有望在 5G 的商用年正式推出,为 5G 手机市场点燃战火。

从 4G 到 5G 是生态系统的转换,不管是终端设备、网络端、应用开发、电信运营商等都在共同开发。5G 将在 2019～2020 年带动多种相关技术与服务应用走向成熟。5G 手机的功能除了要使用更加快速,更重要的是 5G 芯片需要满足多种类型的终端产品,像智能家居、极小基站等,智慧城市的概念也将付诸实行。大规模和高集成度以及 5G 应用产生的海量数据处理,这些都给未来的 5G 芯片研制带来了巨大的压力。

对于 5G 商业化进程的具体时间,根据 2019 年上半年整理的资料来看,韩国、美国、中国大陆、欧洲在 2019 年商用,而日本、中国台湾地区则在 2020 年商用。各地采用的频段不尽相同,选择 Sub-6GHz 或毫米波(mmWave)更因地制宜。目前 Sub-6GHz 因为信号传输距离较长、涵盖范围广,加上技术与过去 4G 较相近,因此在中国大陆、欧洲皆为主流;毫米波则相反,但同样也被日本、韩国和美国所青睐,也将与 Sub-6GHz 同步采用。频段不论是微波还是毫米波,都将采用多通道的技术,此时必须要高密度的集成。随着频率的升高,天线之间的间距变得更小,留给集成的空间非常小。另外作为一个集成了多个频段的复杂子系统,由于空气存在的正负离子引起的大气导电性问题,以及工作频率提高以后的散热问题,都凸显了出来。为解决这些问题,业界在不断尝试研发多通道的毫米波芯片,以及更为先进的制程工艺(如现阶段最先进的 7nm 工艺)和更优良的半导体材料。

此外,5G 手机芯片问世需要经过五个阶段,即芯片研发、测试规范与验证、互通性验证、终端入网认证和规模商用。目前 5G 商用刚起步,手机将核心处理器与 5G 通信 Modem 分开为两颗芯片。这两颗芯片通常为同一家供应商提供,有助于系统整合、讯号稳定等,不过由此也带来 PCB 的空间设计及成本的压力。参考以往 3G 手机到 4G 手机的进程案例,需考虑基站、网络的建设速度,往往经过一年以上的时间两颗芯片才能有效整合成一颗。

4.4.2 苹果"自制 5G 芯片"

据 2019 年 2 月 8 日中午消息,苹果公司已将 5G 调制解调器芯片的研发从外部供应链单元转移至内部硬件工程。知情人士称,这标志着苹果公司将自行研发并自制 5G 调制解调器芯片,逐步摆脱对高通、英特尔等外部供应商的依赖。

据称,苹果公司负责硬件技术的高级副总裁 Johny Srouji 已于 2019 年 1 月份开始监督公司的 5G 调制解调器芯片设计工作。几个月前,苹果公司宣布计划在高通公司的总部圣地亚哥设立新办事处研发手机调制解调器,业内人士认为,这有利于苹果从高通"挖人才"。也有一些业内人士认为,苹果现在才自制 5G 芯片,为时已晚。

4.4.3 各手机芯片厂家的动作

联发科在 2018 年底已经推出了核心处理器 Helio P90 芯片,主打 AI 功能;在 5G Modem 部分,预计 2019 年推出符合 Sub-6GHhz 频宽的 Helio M70 芯片,服务于中高端智能手机。联发科表示,过去联发科在终端技术累积多年,手机将是第一个 5G 商用后发货量较大的终端产品。除了手机芯片,联发科也致力于众多 5G 智能终端产品,M70 同样也可以放置于其他装置当中,这将是未来布局的重要方向。

高通则在 2018 年推出了核心处理器骁龙 855 芯片,并且为全球首款 5G 芯片,内建 4G 通信技术,再外挂骁龙 X50 的 5G Modem。X50 同样也出现在三星家用网络设备当中,例如终端设备等,足见各个芯片厂家都加大了对手机市场之外的版图扩张。

英特尔在 2019 年下半年推出 5G Modem,终端产品则在 2020 年上市。此外,英特尔打破了 ARM 主导的架构,在基站中导入 x86 架构,在 2019 年 1 月推出了无线接入和边缘计算的网络系统芯片 Snow Ridge,并于 2019 年下半年交付。英特尔尽管在手机芯片的竞争力显得较为疲弱,但因为长期耕耘数据中心、边缘计算等技术,能够把英特尔计算架构引入无线接入基站,并允许更多计算功能在网络边缘进行分发,这对于 5G 基站到终端的系统级构建非常关键。

华为则在手机市场与苹果相抗衡的竞争优势背景下,在 5G 手机上再拿出强大战力,以麒麟 980 搭配巴龙 5000 的 5G Modem,期待在手机市场中维持领先地位。

2019 年 2 月 26 日,紫光集团旗下的国产手机芯片及物联网芯片厂商——紫光展锐正式在世界移动大会上发布了 5G 通信技术平台——"马卡鲁",及首款 5G 基带芯片——春藤 510。与此同时,紫光展锐还携手国产手机品牌海信展出了基于春藤 510 的 5G 原型手机。这标志着紫光展锐成功迈入全球 5G 第一梯队,成为领先的 5G 核心芯片供应商之一。

2019 年为 5G 起始年,2020 年才是 5G 成长年,但已经看到各家手机芯片大厂在 2018 年底已开始陆续布局市场。然而手机绝对不是 5G 最大的应用,更多终端装置能够结合 5G 广泛推出,更是各大芯片厂家的竞逐之地。

4.4.4   芯片的功耗问题

从 4G 转到 5G 手机芯片,由于在技术起步阶段,因此所遇到的问题有许多,功耗问题是一大挑战。从 4G 到 5G 手机,处理器的功能与效能的提升,功耗比过去高出不少,必须克服功耗问题才能达到终端装置应有的效能,才能让 5G 生态系统更加完备。

从耗电量来看,过去 4G 手机的待机时间若为一整天,如果不优化,到了 5G 的 Sub-6GHz,待机时间只剩半天;若是毫米波,更只剩下三分之一。因此从芯片设计厂商的角度来说,可通过先进制程、电路设计的技巧、调整通信技术的设计等方向调整。

从调整通信技术的设计方向来看,3GPP 的 R15 中提出三大解决方案,以面对功耗与热能增加的问题。据联发科公司发布的信息,以 M70 进行测试,确定了这些方案的有效性。其一,动态调整接收频宽(bandwidth part,BWP),可减少射频、基频在接收信息时的耗时,可节省 30%～50% 开关频宽的耗电量;其二,跨开槽线调节(cross-slot scheduling),则是先侦测是否为有效信息,可避免译码不必要信息,尽管会有一点延时,但可减少 25% 的耗电量;其三,UE 过热指标(UE overheating indicator),则为信息持续下载导致装置过热,需要采取降速或暂停的操作。至于哪种方案能切实执行,都须要根据与基站相互配合的结果而定。

4.4.5   已经上市的 5G 手机

作为"5G 元年",2019 年已经迎来大批 5G 手机问世。接下来我们对已经上市的 5G 手机按照正式销售的时间先后做一个排序,并对其配置进行必要的描述。

三星 Galaxy S10 X:这款手机的 5G 基带芯片采用的是高通 X50 或者三星自己的 5G 基带(Exynos Modem 5100),核心处理器采用骁龙 855,于 2019 年 2 月 21 日发布,是三星的首款 5G 手机。早在 2018 年 2 月 9 日平昌冬奥会上,三星就携手其他厂商为用户提供了 5G 应用服务,从同步观赛到自动驾驶,观众通过 5G 能够获得新奇的观赛体验。此后,在 2018 年 8 月 15 日,三星推出了旗下的 5G 基带——Exynos Modem 5100。且在同年 12 月 5 日,三星联合高通、Verizon 发布了全新 5G NR 数据连接系统,在手机上展示了 5G 网络的传输速度,紧接着在 2019 年的 CES 上就展出了首款 5G 手机。

中兴天机 Axon10 Pro 5G 版:这款手机搭载骁龙 855 移动平台和高通 X50 基带芯片,已于 2019 年 7 月面世。该手机在中兴通信架构的 5G NSA 现网实验网下,采用 EN-DC 技术,实现了 4G 频段和 5G 频段的数据聚合,实现 2 Gbps 速率;在发布会 5G 网络下演示,王者荣耀的下载速率最高超过 100MB/s,短短 15s 即可完成下载,实现当时 5G 现网最快下行速率。拥有高速率、低延时、高响应的特点,Axon10 Pro5G 版在

AR、云游戏、云娱乐、云办公等领域,增强了用户的体验。

华为 Mate 20 X 5G:是华为首款开卖的 5G 旗舰手机,它搭载麒麟 980＋巴龙 5000 双 7 nm 芯片模组,全面支持三大运营商的 5G 频段,具体包括中国移动 N41 和 N79 5G 频段、中国联通 N78 5G 频段和中国电信 N78 5G 频段,2019 年 8 月 16 日开始销售。

Vivo iQOO Pro 5G:Vivo 在 2019 年 8 月 22 日发布 iQOO Pro 5G,作为 Vivo 的第一款 5G 手机,采用骁龙 855 Plus 处理器和高通 X50 基带。iQOO Pro 5G 的 8G＋128G 的版本价格为 3798 元,首次把 5G 手机的价格拉至 4G 旗舰的价位上。

Vivo NEX 3 5G:2019 年 9 月 16 日,Vivo 发布了自己的第二款 5G 智慧旗舰手机 Vivo NEX 3 5G。Vivo NEX 3 5G 内置了 5G 6 天线技术、侧边分布式天线系统和"天线金扣"三项技术,并且还打造了专属的 F-OTA(全场景空间发射-接收性能测试)实验室来保证稳定的 5G 信号质量。不仅如此,还运用了 WiFi 智能网络切换技术和双 WiFi 加速技术,全面优化了用户在网络方面的体验。

小米 9 Pro:2019 年 9 月 24 日,小米公司发布两款 5G 手机——小米 9 Pro 5G 和小米 MIX Alpha(概念机,两年后面世)。小米 9 Pro 5G 也是小米旗下国内首款发行的 5G 手机,价格 3699 元起,该手机搭载高通超旗舰处理器骁龙 855＋和 X50 基带处理芯片,支持中国移动 N41、中国电信 N78、中国联通 N79 三频,也是此类迄今为止的两款手机之一。

OPPO Reno5G:2019 年 5 月,OPPO 在瑞士正式发布了 Reno5G 版,成为欧洲市场首款 5G 商用手机,并收到了相当不错的市场反馈。OPPO Reno5G 版将在 2019 年 10 月 10 日正式在国内市场发布,通过搭载高通骁龙 855 芯片和 X50 调制解调器,可完整覆盖 2G、3G、4G、5G 网络,适用于更广范围的国家和地区。

迟迟未到的苹果 5G 手机:值得一提的是苹果到 2019 年 10 月初仍然没有 5G 手机推出。2019 年 9 月苹果推出的 iPhone 11 系列也不支持 5G 网络。苹果迟迟不肯在 5G 上发力,一方面可能是考虑 5G 网络还不成熟,5G 套餐的价格太高,并且目前手机里并没有什么 5G 的应用,现有的应用都没有一个需要 5G 的网速。苹果一向求稳,所以可能会等新技术真正成熟之后才考虑加入到 5G 新机中来。另一方面,苹果的 iPhone 手机虽然在芯片和软件等方面非常强悍,但在基带上基本是一片空白,没有自家的基带芯片,一直都依靠高通和英特尔。苹果起初选择了与英特尔共同研制 5G 基带,但一直未有真正可用的产品诞生,直到 2018 年 11 月,才研发出 XMM 8160 5G 基带,不过要等到 2020 年才能商用。英特尔进展缓慢让苹果非常着急,因此,苹果在 2019 年 4 月 17 日放弃了和高通持续许久的专利纠纷,双方在全球范围达成和解,选择和高通合作,而这时候苹果要为 2019 年的 iPhone 去适配高通的 X50 基带已经太迟。因此,2019 年的 iPhone11 新机不支持 5G 也是意料之中的事情。

除了以上厂商,索尼、LG、HTC、联想也将推出自己的 5G 手机;并且,据报道紫光展锐的移动处理器芯片"虎贲 T710"的性能超越了高通骁龙 855 Plus 和华为海思麒麟 810,其 5G 基带芯片春藤 510 也早在 2019 年 2 月推出。

4.5 国内外 5G 芯片差距

如前所述,5G 技术将带来整个产业全方位的变革,将是未来几年引领时代变革和进步的核心驱动力之一。5G 技术具有非常广阔的前景,一方面是因为它是未来信息基础设施的核心,高速率、高带宽满足人们对通信日益增长的新要求;另一方面是因为 5G 技术为实现真正的"万物互联"提供了可能性,而 5G 芯片是其中最关键的技术。正因为对 5G 芯片市场前景如此看好,国外芯片巨头如高通、英特尔、三星等均在积极研发,力争早日实现 5G 芯片的商用。国内企业也不想错过这个极好的发展机遇,海思、联发科、紫光展锐、大唐联芯等企业纷纷加入 5G 芯片争夺战。本节中,我们从国内外两阵营的角度来对比各自在 5G 上的芯片产品,并对双方的竞争力进行初步的分析。

4.5.1 国外 5G 芯片代表企业

作为 4G 通信芯片的领头羊,高通对 5G 非常重视且投入巨大。5G 很多核心专利掌握在高通的手中。早在十多年前,高通就已经开始研究 5G 技术,在 5G 芯片的商用上,高通也快人一步。高通已经推出了移动平台骁龙 855 处理器,以及 5G 基带调制解调器芯片组 X50 和 X55。首先推出的 X50 功能强悍,首次分布时的数据连接是在 28 GHz 毫米频段内实现的。搭载这两块芯片的手机,包括了三星 Galaxy S10X、中兴天机 Axon10 Pro 5G 版、Vivo iQOO Pro 5G、Vivo NEX 3 5G、小米 9 Pro 和 OPPO Reno5G。在 2019 年 2 月到 9 月之间,这些手机争先恐后地问世,形成了靓丽的 5G 风景线,有力地支撑了 5G 的商用与普及。

一直对通信芯片市场不甘心的英特尔,自然对 5G 芯片不会轻易放过。2018 年 11 月,英特尔推出了 XMM8060 调制解调器,这是一款 5G 调制解调器。坊间预测实际商用需要到 2020 年。

三星手机尽管和高通始终有芯片合作,但三星仍投入了很多精力自主研发 5G 芯片技术。早在 2018 年 10 月,三星就推出了自研的 5G 基带 Exynos Modem 5100,当时是全球首款符合 3GPP 标准的 5G 基带芯片。三星已经明确表示,它的 5G 手机 Galaxy S10X,也将搭载这款自研的 5G 基带芯片。

除了高通、英特尔和三星之外,还有一些国外公司如博通、赛灵思也在 5G 上投入较大。博通作为一家半导体公司,并不像高通那样销售移动应用处理器,甚至不销售独立的基带调制解调器,而是销售各种各样的芯片,这些芯片对智能手机的无线功能至关重要,包括 WiFi、蓝牙和蜂窝网络。

5G 所要求的高网络容量和全频谱接入需要高效的技术来实现,最为典型的是大规模多输入多输出(MIMO)天线阵列技术。与之匹配的是,射频单元必须要满足严格的功耗和尺寸封装要求。赛灵思,作为一家完整的编程逻辑解决方案提供商,在 2017 年就发布了自适应射频平台 Zynq UltraScale + RFSoC,完成了通信系统在射频集成方面的突破,很好地解决了功耗和封装尺寸的问题。作为一个单芯片的自适应射频平台,Zynq UltraScale + RFSoC 实现了对从模拟到数字信号链和信号处理的完整功能的支持。该芯片包括一个处理系统,内含四核 ARM、存储器、子系统,以及一个可编程逻辑集成 RF 信号链,包含了 AD/DA、DSP 混合与滤波、以太网 MAC、SD-FEC 等模块。其第一代产品已经量产,涵盖了 4GHz 以下的频段;第二代产品将频段扩展到 5GHz,可以支持我国的 4.4~4.9GHz 频段,以及日本的 4~5GHz 频段,已经在 2019 年 6 月量产;第三代产品则能够覆盖从 4~6GHz 还没有许可和分配的 5G 频段,预计在 2020 年第三季度量产。采用 RFSoC 的优势是一个平台就可以支持多频段、多标准,不需要为不同的射频配置不同的平台,同时还有消除传输瓶颈,降低功耗,以及不需要中频和基带采样,利用数字信号处理技术实现上下变频等优势。

4.5.2　中国5G芯片代表企业

华为海思同样在5G芯片技术上投入巨大。2018年2月,海思发布了旗下首款5G商用芯片——华为5G芯片巴龙5G01,这是全球首款基于3GPP标准且投入商用的5G芯片,支持主流5G频段。此后,海思在2019年推出支持5G的麒麟980芯片,并且在年中发布的Mate系列5G手机中搭载了巴龙和麒麟5G芯片。

作为老牌的手机芯片企业,联发科对5G芯片技术的研发也不敢落下。联发科展示的5G原型机搭载了自研的5G基带芯片MTK Helio M70,在2019年开始为智能手机供应5G芯片。

相对于高通、华为等芯片巨头,紫光展锐的5G芯片部署虽然相对较晚,但发展很快。紫光展锐在2019年推出了春藤510 5G基带芯片,采用的是12 nm工艺,能够支持Sub-6GHz的频段。

4.5.3　在5G芯片技术领域,国内外的差距在哪?

随着5G商用化进程的推进,通信芯片的国产化阵营越来越多,这也为"中国芯"的崛起提供了更多的有生力量。但需要认清的是,以目前的现状而言,在5G芯片技术上,国内外的差距仍有很多,主要是如下三个方面。

1）5G芯片相关的专利

一直以来,高通就靠着"专利税"获利颇丰,在5G芯片领域,高通又拿下了主要的专利权,未来仍是最主要的受益者。每销售一部5G手机,都需要向高通缴纳3.25%的专利授权费。近年来,华为在5G专利上投入了巨大的人力物力,也取得了非常可喜的成绩,但华为的专利集中在5G整体方案和标准领域,在终端和芯片等专利方面仍落后于高通。

2）高端5G芯片领域

中国企业的整体实力与全球通信芯片巨头的差距在于高端5G芯片领域,这也是很多国内芯片企业的"心病"。以高通的5G芯片为例,基于骁龙X50 5G调制解调器芯片组,全球首次在28 GHz毫米波段正式发布5G数据连接,体现了高通在5G领域的实力。

华为在5G的优势是其技术的全面性,覆盖芯片、终端、网络综合等,但在高频和微波等芯片方面,仍与高通有差距;而联发科、展锐等5G芯片仍以供给中低端的手机市场为主。

3）芯片生态难与国外企业抗衡

在芯片生态上,国内5G芯片企业,除了华为有自己的优势之外,其他企业很难形成对国外企业的威胁。由于5G芯片的关键装备及材料配套由国外企业掌控,导致依赖进口严重;我国的5G芯片设计、制造、封测及配套等产业链上下游协同性不足;我国的通信芯片供给客户不足,高通的市场份额占主流。对于手机厂商而言,合作的首款5G芯片,高通仍是首选。

此外,我们还要关注到,还有一些领域的芯片是我国企业尚未涉及的。5G时代对消费者终端侧的多模多频前端芯片要求高、需求量大,而目前国内尚没有企业能够突破高端射频前端、PA 芯片的研发壁垒,现阶段仍高度集中在博通、Qorvo 及 Skyworks 等美国企业手中。可以预见,此类芯片将是未来国内 5G 厂商对国外厂商依赖性最重的领域,需要尽早做出规划。

4.6　小结

　　5G 产业的整体发展决定于与之相关的芯片的发展,这源于 5G 在社会多方面发挥的创新和推进作用。在本章里,我们围绕芯片的基本构成、制作过程、5G 芯片的研制、以及芯片产业在 5G 背景下的发展等多方面内容展开,为读者描绘了一个丰富多彩的 5G 芯片的世界。我们首先介绍了构成集成电路的基本元件、集成电路制造的相关工艺知识,让读者对芯片从蓝图设计到晶圆制备的全过程有了一个初步的了解。而后,我们对 5G 芯片在终端、基站、手机三个重要的系统构成领域的研制现状、市场推出的情况做了详细的介绍。此外,我们重点针对 5G 芯片的研发难点和可能存在的"卡脖子"问题进行了挖掘,并由此对未来的 5G 芯片市场份额进行了预测。本章也客观分析了我国相关企业在 5G 研发上与国际顶尖水平的差距。

4.7　习题

　　(1) 简述场效应管的结构和工作原理。

　　(2) 为什么说场效应管相比晶体管更适合于制造大规模集成电路?

　　(3) 什么是"离子植入",在制作芯片的哪个环节会用到这项技术?

　　(4) "炉管氧化"技术的原理是怎么样的? 应用于制作芯片的哪个环节?

　　(5) "化学气相沉淀"技术的作用是什么? 它通常在制作芯片的哪个环节使用?

　　(6) "曝光"技术的过程是怎么样的? 它的作用是怎样的? 应用于芯片制造的哪个环节?

　　(7) "定向刻蚀"技术用在芯片制造的哪个环节? 它的主要功能是什么?

　　(8) "物理气相沉淀"技术的原理是怎样的? 应用于芯片制造流程的哪个环节?

　　(9) "化学机械研磨"技术应用于芯片制造流程的哪个环节? 它的作用是什么?

　　(10) 设计基带芯片的难点有哪些? 世界上能够在 5G 掌握端到端完整技术,并拥有完整产品的企业有哪些?

　　(11) 简述巴龙 5000 的性能。

　　(12) 巴龙 5000 不需要"折返跑"是指什么? 简述具备这种功能的优势。

　　(13) 华为 5G CPE Pro 在实现 5G 生态上会起到什么样的作用? 如何理解"巴龙 5000 为您打开了一个新的世界,……,增强了万物智能"?

　　(14) 为什么说"通过了解骁龙 X55 的性能参数,可以看到 5G 时代的三个关键点:5G 高复杂度、整体方案、应用场景不再局限"? 具体而言,骁龙 X55 的哪些性能具体支持了这些关键点?

　　(15) 以骁龙 855 为例,说明手机里所谓"移动平台"芯片的主要功能。

　　(16) 为什么说"5G 时代,芯片是核心"? 而在 3G、4G 时代,对芯片的要求会低一些？

（17）5G 规模商用需要满足的四个极简条件是什么？为什么说现阶段只有华为能够满足 5G 规模商用的这四个极简条件？

（18）在英国巴斯的历史中心进行的交互式 5G 智慧旅游应用采用的是哪个频段的 5G 系统，其频宽为多少？主要支持的是什么样的 5G 体验？

（19）每台基站和手机都需要大量的滤波器及双工器，SAW、BAW 滤波器利用压电效应实现滤波与隔离。简述压电效应，以及 SAW 和 BAW 滤波器在原理上的不同。

（20）为什么说 5G 手机芯片相对 4G 而言，设计、制作更难？具体需要解决的困难有哪些？

（21）5G 手机芯片问世的 5 个阶段是什么？

（22）为什么说 5G 手机芯片现阶段是 2 颗？分别都是什么？

（23）简述联发科、英特尔、高通、华为、紫光展锐在 5G 芯片领域预计推出的产品？这些产品的共同之处有哪些？各自的特点是什么？

（24）5G 手机芯片面临功耗问题，3GPP 提出了哪些解决方案？

（25）2019 年 5G 手机不断上市销售。请简述一下现有 5G 手机中的芯片配置情况，对未来手机芯片的研发方向你有何观点？

（26）简述国外芯片企业如英特尔、高通和三星，以及国内企业如华为海思、紫光展锐、联发科在手机芯片上的研发成果。

（27）我国企业在 5G 芯片领域的研发空白有哪些？

（28）如何加快我国企业在 5G 芯片产业形成优势？谈谈你的看法与建议。

5

5G 专利

本章我们将详细介绍 5G 发展过程中所涉及的发明专利的内容,包括 5G 专利的划分类别、5G 专利在不同领域的分布情况、5G 专利在现阶段的使用策略等内容,引导读者全面了解关于 5G 专利的基本情况。此外,我们通过围绕专利争端的典型法律案例,分析各公司的 5G 专利布局,使读者能够更加直观地了解专利的重要性。最后,我们提出了对未来 5G 专利发展的建议。

5.1 专利的类别:核心专利的覆盖范围

中国通信产业通过几十年的发展,从自主提出国际通信标准到参与主导核心标准下的核心空口技术,发展是长足的。考虑到专利对于通信产业的特殊重要性,在一开始就要绷紧这根弦,一方面时刻关注竞争对手的专利动态,另一方面认真部署自己的专利。

5.1.1 底层核心技术专利

一般情况下,底层核心技术专利通常在该技术成为标准框架之前,就需要进行申请和布局了。2013 年刚发放 4G 牌照,2015 年 5G 就成为了热门的话题。5G 初步框架的建立,比如 3GPP 的标准是在 2018 年才确定下来的。所以,底层技术核心专利争夺的关键时期应该是在标准框架未定之时,从历史经验看,底层核心技术专利的布局实际上还要更加早。例如,我国自主提出的 3G 国际标准 TD-SCDMA 的标准框架专利 CN97104039.7,是在 1997 年由信威通信申请的。世界层面的 3G 商用在 2000 年开始,最早的是和记黄埔的 3G 网络。在中国,我们的 3G 正式商用在 2008 年。可见,底层专利的申请还要大大提前。

尽管我国企业对于 TD-SCDMA 的框架专利申请得比较晚,但是美国高通公司赖以掌控 3G 产业链命脉的底层 CDMA 核心专利,却来自高通公司于 1990 年在中国申请的三件专利申请(CN90109758/CN90109068/CN90109064),其中 CN90109068 产生了分案申请 CN200610156292。除 CN90109068 专利在审查中被驳回,CN90109758、CN90109064、分案申请 CN200610156292 均被授权。最早的 CDMA 技术中国专利 CN90109758、CN90109064、CN200610156292,分别是以 1989 年 11 月 7 日的美国优先权 US433031、US432552 和 US433030 提出的申请。由此可见,底层技术专利的部署时间是远远早于标准框架专利的。

5.1.2 核心空口技术专利：编码之战

5G 通信空口，分为控制信道和数据信道。控制信道主要传输指令和同步数据参数等，数据信道主要传输数据。值得一提的是，根据高通、华为、爱立信、AccelerComm 等近 40 家通信企业多轮投票结果，3GPP 最终裁定，华为提出的 Polar code 和高通提出的 LDPC code 分别为控制信道和数据信道的 5G 国际编码标准。

据悉，截至 2018 年 7 月 27 日，Polar code 技术领域共有 103 族专利，其中华为占据半壁江山，拥有 51 族专利，占比 49.5%；爱立信位居第二，拥有 26 族，占总数的 25.2%；美国 InterDigital 公司位列第三，拥有 7 族专利，占比 6.8%。

5.2 专利的分布

5G 将促进数以千计的新产品、技术和服务的发明，将极大提高生产力并催生新的产业出现。全球 5G 网络将统一移动通信，并通过物联网（IoT）将个人或设备连接到一起。5G 技术可以将车辆、船舶、建筑物、仪表、机器和其他物品与电子、软件、传感器和云连接起来，而嵌入式 5G 技术将允许机器在物理世界中交换信息并集成基于计算机的系统。近年来，3G 和 4G 专利所有者已经控制了智能手机行业中移动技术的使用方式。因此，5G 专利所有者可能会通过在各个市场实现 5G 连接而成为技术和市场的领导者。

5.2.1 5G 标准必要专利的分布

过去五年中宣布的 5G 标准基础专利（5G SEP）数量不断增加——5G SEP 是任何公司在实施标准化 5G 技术时必须使用的专利。SEP 在标准化方面发挥着重要作用，因为 SEP 可以为公司开发标准技术和促进标准化提供回报和激励。标准化本身，需要大量的为公众普遍利益而进行昂贵的私人投资。此外，如果专利持有人可以通过 SEP 特许权使用费收回投入成本，他们将有兴趣不断优化和改进现有标准。3G 和 4G 的实施主要涉及智能手机行业，但是 5G 则将通过物联网实现整个物理世界的连接。在未来，任何依赖连接（如汽车/运输、能源、制造、医疗保健和娱乐）的行业都将使用 5G，由此可见，使用 5G SEP 已经成为必然。成功的 3G 和 4G 专利许可计划，已经表明专利使用费收入可以是巨大的；5G 专利许可的目标市场则将比 3G 和 4G 大得多，因为在智能手机领域之外，也将需要 5G 专利。因此，未来任何制造业部门都不得不按照 5G FRAND 制度对 SEP 进行许可操作。

据 IPlytics 平台分析，中国公司华为、中兴、CATT 和 OPPO，韩国公司三星和 LG，美国公司高通和英特尔，欧洲公司爱立信和诺基亚，以及日本公司夏普是 11 个主要的 5G 专利持有者。全球大约有 25 个独立的 5G 专利所有者。

汽车行业很可能是最先依赖 5G 技术的行业。利用 5G，可以将车辆连接到其他车辆、路边、交通信号灯、建筑物和互联网，以处理汽车或云端数据。近年来 5G 专利注册的数量迅速增加。

5.2.2 5G 标准制定过程中的投入

不同系统的互连性和跨多个设备的通信依赖于 5G 标准的通用规范。由于 5G 的市场潜力和对诸多行业及技术的集成能力,使得传统的通信设备制造企业、移动运营商以及新兴的物联网公司都积极关注和参与制定 5G 标准。5G 技术规范和网络协议的标准化工作,是通过公司、机构提交标准提案,通过一系列国际会议制定和调整的。因此,衡量一个公司对 5G 的技术贡献有多少,可以通过其提交的提案数量得到体现。

截至 2019 年,分别按照 5G 标准提案数量、参加 5G 标准化会议的人数、5G 标准必要专利数量排序的公司与机构如表 5.1 所示。

表 5.1 各大公司参与制定 5G 标准的情况

排序	5G 标准提案数量	参加 5G 标准化会议的人数	5G 标准必要专利数量
1	华为(11423)	华为(1975)	华为(1529)
2	爱立信(10351)	爱立信(1538)	诺基亚(1397)
3	海思(7248)	三星(1311)	三星(1296)
4	诺基亚(6878)	诺基亚(1232)	中兴通讯(1208)
5	高通(4493)	高通(968)	爱立信(812)
6	三星(4083)	LG 电子(884)	高通(787)
7	中兴通讯(3738)	Intel(767)	LG 电子(744)
8	Intel(3502)	中兴通讯(764)	Intel 集团(550)
9	LG 电子(2909)	中国移动(563)	CATT(545)
10	CATT(2316)	NEC(528)	夏普(468)

衡量一个公司或机构在 5G 标准制定的参与和投入程度的另一种方法是看其派出参加标准制定会议的人数。为了能够及时跟踪、了解和讨论最新的 5G 标准,进而为开发 5G 设备做好准备,公司和机构通常会派遣高技能的技术工程师出席此类会议。从表 5.1 中我们可以看到,按照出席 5G 标准制定会议人数排序的公司与机构列表,和 5G 标准提案贡献数量的排序以及 5G 标准必要专利数量拥有量的排序有一定的关联性。

5.2.3 5G 标准核心专利的市场运作

5G SEP 的许可将成为一个主要趋势,不仅适用于智能手机行业,也适用于任何使用到了互连互通技术的制造行业。参与 5G 专利的高级专利经理和专利负责人应考虑以下事项:

(1) 涉及连接的未来技术将越来越多地依赖于诸如 5G 之类的专利技术标准。

(2) 5G SEP 的数量不断增加——专利董事应该开始考虑特许权使用费和适当的安全支付。

(3) 专利主管不仅应考虑从专利数据中检索的信息,还应监测和考虑有关标准化的其他数据,如技术贡献和会议出席。

(4) 必须时刻了解 SEP 市场的动态特性。在专利市场上,专利主张实体(patent assertion entity,PAE)通常会将多个相关联的 SEP 组成专利组以获取更广泛的专利特许回报。

5.3　专利的使用策略

5.3.1　专利为什么可以额外收费?

通信领域的专利,通常采用和产品售价相分离的专业授权费用。这个问题始终在业内争议较大。FTC 曾经向高通提出诉讼,指控其通过专利授权进行技术垄断。高通则列出如下论点以支持其专利授权商业行为的合理性:

(1)多年投入巨资研发无线网络技术,协助确定行业标准,带动无线通信市场发展,为此付出的努力理应得到合理的报偿(所以,专利可以收费,并且应该收高额费用)。

(2)专利授权收费是业界常规,但计算专利费用太复杂,若跟芯片售价绑定很难合理计算,因此将 IP 授权与芯片销售分开(所以,可以对任何一部用到了高通芯片的手机征收费用)。

(3)单从手机芯片上无法完全体现高通的专利价值,因此要按手机整机售价的比例来收取专利许可费(专利太多,只能按照整机的售价来计算费用)。

另外,在无线通信领域,对于被确认为无线通信的标准必要专利(SEP)的专利,不能不给同行授权,这是 FRAND 法规所规定的。对于非标准必要专利,可以有权不授权给竞争对手。

实际上,这样的收费方式是有问题的:一是不透明,不能体现每一个具体专利的价值和费用;二是具有技术投机的色彩;三是能够用专利收费作为工具,垄断市场,打击竞争对手。

5.3.2　5G 标准必要专利的收费方式

5G 专利收费标准的制定与该公司掌握 5G 标准必要专利的比重息息相关。我们来看看不同公司对于 5G 专利的收费方式。

1. 高通 5G 专利收费标准

高通从 2018 年开始收取高额 5G 专利费,而且高通发布的 5G 专利费确实比较贵。在全球范围内,只要是使用高通移动网络核心专利的 5G 手机都必须依照以下条款缴纳专利费,如表 5.2 所示。

表 5.2　高通 5G 专利收费标准

使用的专利	高通核心专利	高通核心专利	高通核心专利 加非核心专利	高通核心专利 加非核心专利
支持的手机	5G	3G/4G/5G	5G	3G/4G/5G
收取专利费用	2.275%	3.25%	4%	5%

最高的收费标准按照整机定价 400 美元作为上限,调整后售价在 400 美元以上的手机将会缴纳更少的专利费用,费用控制在 20 美元以内。也就是说,国内手机厂商每卖出一部售价 3000 元的手机,就要向高通支付 68～150 元专利费用。

尽管高通掌握的 5G 专利在数量上不是最多,但其 LDPC code 为数据信道的 5G

国际编码标准,因而收费较贵也事出有因。可以说,掌握 5G 标准必要专利在一定程度上扼住了未来移动通信产业发展的咽喉。

2. 华为 5G 专利收费标准

华为已经确定要在 5G 时代开收专利费,这对于手机厂商来说也并不是一件好事,因为他们拥有的 5G 专利并不比高通的少,在一些核心专利上厂商也是绕不开的。所以华为 5G 专利收费标准是多少,颇受业界的关注,华为也表示正在研究具体的收费标准。最新曝光的消息显示,华为 5G 专利收费标准将主要参考高通的模式,但是在售价上会降低一些,使用过程上也会更简单一些。只要厂商用到华为的专利,那么就是统一的专利使用收费标准,费用标准设定在 4% 上,也就是 1000 块钱要交付华为专利费 40 元。所以一款 5000 元的 5G 手机,华为专利的收费就是 200 元。

目前这个标准还没有最终成型,但是对于华为来说,鼓励厂商用他们的专利,并且降低收费标准,是一个主导核心策略,对于其他手机厂商而言,5G 时代手机成本加剧则是不可避免的事实。

3. 其他公司的 5G 专利收费标准

爱立信对于高端手机按照最高额 5 美元/部的标准计算,低端手机则每部手机收取 2.5 美元;诺基亚规定每台设备收取的专利许可费用不超过 3 欧元。也就是说,如果出售一部 3000 元的手机,厂商向高通缴纳的专利费在 68 元到 140 元(达到上限)之间,向华为缴纳的专利费为 120 元,向爱立信缴纳的专利费不高于 35 元,而向诺基亚缴纳的费用低于 24 元。如果手机价格更高,三家企业收取的专利费用差距将会更大。

5.3.3　中国移动 5G 专利免费的分析

在"2018 GSMA 创新论坛-5G 智能连接大会"上,中国移动副总裁李正茂宣布,将在 5G 专利标准上,坚持免费开放的原则,做到"不设壁垒,不收费"。数据显示,中国移动在 5G 领域申请专利已经达到 1000 多项,是全球拥有 5G 专利技术最多的运营商,专利的采用率也达到 42%,高居全球运营商榜首。

取消 5G 专利上的收费,最直接的受益者就是华为、中兴这样的网络设备生产商,以及一众手机终端厂商,可以降低 5G 建网的成本、手机终端的生产成本,进而节约普通消费者的 5G 用网成本、购机成本。例如,如果按照美国高通公司的要求,每个使用高通 5G 网络手机的用户,都得支付 3%~5% 的专利授权费。如果按照国内销售的每个 5G 手机为 2000 元、年销售量为 1 亿台来计算,单纯手机终端,用户需要向高通支付 60~100 亿元的 5G 专利授权费。在使用网络的过程中,还会有授权费用的产生。

但是从产业发展的角度看,专利免费授权会有如下的弊端:

(1) 专利收费,是创新的基础、保障和激励。5G 要发展,前面的路还很长,需要大量的创新,如果不收费,又没有其他的商业手段,就会成为创新的极大阻碍。

(2) 5G 专利不收费,会阻碍中小企业在 5G 中的作用和参与。在移动通信领域,历来都是巨头玩家的天下。把 5G 专利作为收费手段,能够让中小企业参与其中,否则,巨头很容易靠规模挤压中小企业的空间。专利收费也能够对 5G 向其他的行业、产业扩展,起到积极的促进作用,例如 5G 在各种垂直行业的应用,需要有更多的中小企业来参与。中国移动有庞大的营收和利润支撑,可能不会在乎这种"蝇头小利",但对中小企业就是生死攸关,因此不应该提倡 5G 专利免费的观念。

(3) 如果没有其他的商业模式,盲目免费,对产业链不利。经典免费案例如安卓、360,要么能创造出一种生态,要么能圈起海量的用户。如果两种方式都做不到,这种"慷慨"就没有必要,更不要提倡其他企业都效仿了。

当然,中国移动 5G 专利免费,也可能是真正核心的专利并不多导致的。如果不是核心专利,即使免费,可能也没有人来用。所以,更加需要提倡采用专利族的方式,提高专利的整体价值。

5.4   专利之战

5.4.1   美国 FTC 起诉高通

2019 年 2 月,FTC(美国联邦贸易委员会)起诉高通滥用其在智能手机芯片市场的主导地位一案首次开庭。

5.4.2   高通苹果专利大战

2018 年 12 月,苹果要解决高通专利这件麻烦事,如果搞不定这件事,5G 时代苹果还得受制于高通。高通方面也不示弱,双方的专利官司打了两年了都没结果,目前看来,高通略胜一筹,因为高通已寻求到法院的支持。

2018 年 12 月中旬,高通宣布福州市中级人民法院授予了高通针对苹果公司四家中国子公司提出的两个诉中临时禁令,要求他们立即停止针对高通两项专利的,包括在中国进口、销售和许诺销售未经授权的产品的侵权行为。产品包括 iPhone 6S、iPhone 6S Plus、iPhone 7、iPhone 7 Plus、iPhone 8、iPhone 8 Plus 和 iPhone X。

此后,德国慕尼黑地区法院认定苹果侵犯高通与降低智能手机功耗有关的知识产权,并授予了高通所请求的永久禁令,要求苹果公司停止在德国销售、许诺销售和进口销售侵权的 iPhone。

苹果之后也是放弃使用高通的基带,投向英特尔公司,这样做对苹果的负面影响还是非常大的。苹果在 2018 年发布的旗舰机因为使用了英特尔基带,导致被广大消费者投诉 iPhone XS 和 iPhone XR 系列手机信号极差,导致新机的口碑、销量一直处于低迷状态。

近年,苹果频频降低产品售价,减少订单量,苹果的市值也是一跌再跌,到现在已经蒸发了将近 4500 亿美元。即使是这样,苹果还是没有能够挽回那些已经流失了的"果粉心"。据知情人爆料,这段时间苹果已经多次向华为提出请求,希望他们可以将巴龙 5000 芯片进行出售,双方在 5G 基带芯片上达成长期深度的合作关系。华为方面还没有给出明确的答复。苹果这样做的目的显而易见,就是为了降低自己的成本,得到更高的利润,而不去依附于高通等基带。华为到底会不会出售巴龙 5000 芯片,我们还不能妄下定论。

5.5 各公司的 5G 专利布局

5.5.1 诺基亚的 5G 专利布局

诺基亚的 5G 技术的全球专利布局始于 2013 年,近年来诺基亚全球 5G 专利申请量增长很快。根据 2019 年 1 月中国信息通信研究院发布的《通信企业 5G 标准必要专利声明量最新排名》显示,诺基亚的 5G 标准必要专利声明量超过 1471 件,在所有通信厂商当中排名第二,占比 13%,仅次于华为,足以显示出诺基亚在 5G 领域占据的主导地位。

自 2012 年 11 月以来,诺基亚参与欧盟 2700 万欧元的大型科研项目 METIS,就已经开始筹谋研发 5G 技术,并在 2013 年开始针对 5G 技术进行专利布局,这与其转型时间完全匹配。由此可见,诺基亚虽然放弃了手机业务,但依旧专注于通信技术研究,具有足够强大的专利布局意识与能力,保障其在 5G 专利上的强势话语权。

从广义上来说,5G 相关专利技术可以被分为无线电前端/无线接入网络、调制/波形以及核心分组网络技术三大类。作为电信网络设备供应商,数据显示,诺基亚在各技术分支中均投入研发且相对比较均衡。由于诺基亚相关专利申请量在近 4 年才进入飞速增长期(约占全部专利申请量的 73%),因此,大部分申请现在还处于在审阶段,而其他已结案件基本已获授权,表明其专利技术价值较高。

数据显示,诺基亚在 5G 领域的核心专利申请中,在欧洲地区以接近 47% 的专利申请量稳居第一(主要原因是其总部位于芬兰),在美国、中国的专利申请量占比均为 20% 以上,仅次于欧洲地区。这说明诺基亚也非常看好美国及中国市场的发展。尤其在中国(占比 22.8%),诺基亚公司于 2013 年早早地开始了 5G 专利布局,为其争夺中国市场进行了铺垫。可以说,诺基亚在中国的专利布局兼顾了时间和技术范围等多个维度,创造了有利于自身发展的专利竞争优势。

另外值得一提的是,得益于在 5G 专利领域的优势地位,2018 年 8 月,诺基亚公司宣布针对 5G NR(5G NR 为 5G 通信技术的一个分支)设备收取 5G 相关专利费的上限为 3 欧元。相较其他高通、爱立信等专利持有公司的收费标准,诺基亚的 5G 专利费相对较低。

5.5.2 高通在专利领域的垄断与霸权

在购买新机的时候,消费者几乎都会特别注意手机的芯片,毕竟一款手机的核心性能如何,主要取决于处理器。而如今的芯片行业,高通备受国产手机厂商的青睐,小米、Vivo 等国产手机厂商的低、中、高端的机型几乎都会采用骁龙系列芯片,甚至华为的部分机型也会采用高通芯片。

不仅仅是国产手机厂商,手机界巨头苹果更是高通的大客户。因此,高通在芯片行业拥有绝对的话语权。不过,由于高通采用的专利收费方式不合理,因此行业内多家巨头已经对高通不满,多次向相关组织控诉高通的垄断行为,高通也多次因此受罚。

高通的业务收入主要分为两块:IP 授权和芯片销售,二者的营收和利润基本遵循"二八原则",即 IP 授权的收入仅占公司总营收的 20%,而利润却占到 80%。然而,最近两年因为苹果和华为等手机厂商拒付高昂的授权费,IP 授权收入大幅下滑,导致高通的营收和利润都明显下降。前段时间,高通更被 FTC 起诉,理由为涉嫌阻碍行业竞争,联想、华为、苹果等厂商均为当庭证人。高通是否会被裁定为构成垄断,暂时没有最后确定。日前,高通公布了 2019 年第一财季的营收报告,报告显示,高通 Q1 季度营收同比下降高达 20%,看来苹果跟高通之间的专利纠纷为高通带来了不小的影响。

不过,虽然多家巨头对高通造成了一定的影响,但依然不妨碍高通在芯片行业的地位。根据外媒报道,高通已经跟华为签署了短期协议。而且在宣布财报后的电话会议中,高通表示,华为在之后的每个季度,都需要向高通交付 1.5 亿美元的专利授权费。不仅是华为,所有的 5G 手机厂商都绕不开高通的专利。

要知道,两年前的 5G 技术专利投票环节,高通获得了最终胜利,其他手机厂商若想要量产 5G 手机,就必须要向高通缴纳专利费。值得注意的是,即使已经研发出性能更强悍的 5G 芯片的华为也不例外,毕竟高通拥有多项基础芯片技术专利。

1. FTC 的指控和取证

FTC 从 2017 年就开始对高通在 2006~2016 年间的商业行为展开反垄断调查,指控高通在手机基带芯片市场涉嫌不公平竞争,致使手机售价过高,损害消费者利益。具体指控如下:

(1) 高通采取"no license—no chips"政策,迫使手机厂商同意支付高昂的专利授权费,不然就不供应基带芯片。

(2) 高通拒绝将相关 SEP 授权给其他基带芯片竞争者,违反了 FRAND 协定(高通的专利既然已经成为无线通信行业标准,就应该遵照公平、合理和非歧视的原则提供授权给同行),试图阻止竞争者在技术上赶上高通。

(3) 高通同意降低收取苹果的授权费,前提是苹果停止从英特尔采购基带芯片,而 100% 从高通购买。这一秘密协议导致苹果停止为 Sprint WiMAX 网络(英特尔支持的网络标准)提供 iPhone 产品。

已经 85 岁高龄的高通创始人 Irwin Jacobs 也出庭作证,他讲述了高通的发展历史及 CDMA 技术的优越性。当被问及高通 2004 年威胁 LG 如果不支付授权费,就不供应 WCDMA 芯片时,他坦承那次供货量并不大,而且也没有真正停止供货。

2. 不合理的专利费用

苹果 COO Jeff Williams 在 FTC 庭审听证会上透露,高通按 iPhone 整机价格的 5% 收取专利许可费,每部手机 12~20 美元,外加高达 2.5 亿美元的"CDMA 税"。苹果认为高通这样的收费比对其他手机厂商的收费都高,这是不公平的。

苹果从高通采购的基带芯片金额在 2016 年达到最高峰,约有 21 亿美元,同年苹果支付给高通的专利许可费更是高达 28 亿美元。2017 年苹果提起诉讼后就不再支付授权费了,据统计累积到现在苹果拖欠高通的专利费已经高达 70 亿美元。

5.6 未来的改革方向

随着 5G 商用网络在全球的建设步伐迅速加快,专利对于 5G 网络的建设深度、用户规模的持续扩大以及各种垂直应用的实际落地和商业模式的定义与演进,显得更加

重要。未来我们需要在下列方面进行深层次的改革:

（1）需要对专利授权建立更为合理的收费制度。将专利在实现特定的网络通信功能中的贡献进行量化,按照一定的类别进行收费水平的划分。

（2）应该采取措施,逐渐降低专利授权收费。现在的专利收费,并没有实际起到鼓励创新的作用,在一定程度上是一种技术垄断后的暴力牟取,需要审视专利收费如何才能真正做到对原始创新的激励。

（3）专利的竞争应该更加透明化。我们需要对专利所具有的技术壁垒和垄断的负面作用采取非常审慎的态度,降低技术革新的门槛。

（4）从面向用户的角度,需要向用户更加透明地公开手机里的 SEP 和非 SEP 专利组合,从而作为手机购买时的价格依据。

（5）从市场监管的角度,行业和管理层应该专项设立机构对专利的定价、销售、转让和在消费市场中的体现,制定更为详细的标准,并且进行监管,或通过行业进行标准化,规范相关的专利运作。

总之,厂商、运营商、政府管理机构等多方面针对专利的联合改革,是促进专利对 5G 乃至其后的 6G 发展的必要因素。不能像以往一样听之任之,只有及时建立标准才能加快提升国家整体的技术竞争力。

5.7   小结

本章详细介绍了关于 5G 专利的多方面内容。首先,描述了 5G 专利的分类情况,即包括底层核心技术专利、核心空口技术专利,以及非核心专利。其次,介绍了近年来与 5G 相关的专利覆盖的领域,让读者清晰地了解到 5G 专利的市场分布情况。此外,讨论了现阶段 5G 专利的使用策略及收费标准,分析了这样的策略的优劣和对创新的影响。同时,通过分析与专利相关的法律诉讼案件,以及各公司的专利布局,使读者认识到专利的核心地位和重要性。本章最后提出了多条未来 5G 专利的改革建议,能够在一定程度上加快 5G 相关产业的发展。

5.8   习题

（1）解释什么是 SEP,为什么说 SEP 在标准化方面发挥着重要作用?

（2）当今 5G 专利的使用策略是怎样的? 收费标准是如何制定的? 阐述你对专利收费政策的观点,推荐你认为合理的使用策略。

（3）专利免费存在哪些弊端?

（4）一个移动通信公司是否需要考虑在 5G 专利上进行布局,布局可能考虑的因素有哪些?

（5）阐述你对专利未来的改革方向的建议。

6

5G 移动网络与深度学习

伴随着移动设备的快速普及,移动应用和服务也逐渐推广开来,对无线网络基础设施的要求也越来越高。5G 移动通信系统正在不断发展,支持爆炸式移动流量、满足实时提取细粒度分析,以及灵活管理网络资源的要求,从而最大限度地提升用户的体验。

随着移动环境越来越复杂,网络异构和多场景不断发展,履行上述的任务非常具有挑战性。一种可行的解决方案,即采用先进的机器学习(ML)的技术,来帮助管理数据量和以算法驱动的应用程序(APP)的快速增长。最近,深度学习(deep learning)的成功应用,成为解决这一领域存在问题新的强大工具的基础。

在本章中,我们融合深度学习以及移动无线网络的研究,对这两个领域之间的交叉研究成果做全面的调研。首先,我们将简要介绍深度学习技术的基本背景、最新的技术,以及在移动网络中的潜在应用。然后,讨论几种有助于在移动系统上有效部署深度学习的技术和平台。最后,给出一个基于深度学习的移动和无线网络研究的、百科全书式的回顾,并根据不同的领域对内容进行分类。从已有的经验出发,讨论如何根据移动环境来定制深度学习。本章最后指出深度学习在移动网络领域当前面临的挑战以及未来的研究方向。

6.1 背景

互联网连接的移动设备,正在渗透到个人生活、工作和娱乐的方方面面。越来越多的智能手机,越来越多样化的 APP 的出现,引发了全球移动数据流量的激增。最新的行业预测表明,到 2021 年,全球每年的 IP 流量消耗将达到 3.3 ZB(Zettabytes, 10^{15} MB),智能手机的流量将超过 PC 的数据流量。

鉴于用户对无线连接的偏好,目前的移动基础设施也面临着巨大的容量需求。为了满足这种日益增长的需求,早期技术层面的建议主要集中在更加灵活地提供资源,以及采用分布式进行移动性管理。然而,从长远来看,互联网服务提供商(ISP)必须开发能够适应 5G 的智能异构架构和工具,并逐步满足更严格的最终用户应用要求。

移动网络架构的日益多样化和复杂性使得监控和管理多种网络元素变得非常棘手。因此,将多种功能的机器智能,嵌入到未来的移动网络中,正在引起业界巨大的研究兴趣。这种趋势反映在基于机器学习的各种问题解决方案中:从无线电接入技术(RAT)的选择,到恶意软件的检测,以及支持机器学习实践的各种网联系统的开发。

机器学习可以从流量数据中系统地挖掘有价值的信息,并且自动发现由于过于复杂而无法由人类提取的相关信息。作为机器学习的旗舰技术,深度学习在计算机视觉和自然语言处理等领域已经取得了显著的成绩。网络研究人员也开始认识到深度学习的力量和重要性,并正在探索其解决移动网络领域特有问题的潜力。

将深度学习嵌入到 5G 移动和无线网络中也是非常合理的。特别是考虑到移动环境生成的数据越来越异构多样,因为这些数据通常是从各种来源收集而来的,具有不同的格式,并且表现出复杂的相关性。因此,对于传统的机器学习工具(如浅层神经网络),一系列特定问题变得过于困难或不切实际。这是因为:如果提供更多数据,它们的性能不会提高;它们无法处理控制问题中的高维状态空间或者行为空间。相比之下,大数据成为深度学习的燃料或者引擎,因为大数据消除了领域专业知识,而且采用了分层的、结构性的特征提取。实质上,这意味着可以有效地提取信息,并且可以从数据中获得越来越抽象的相关性,同时减少了预处理的工作量。基于图形处理单元(GPU)的并行计算,进一步使深度学习能够在几毫秒内进行推理。这有利于高精度和及时地进行网络分析和管理,克服了传统数学技术(如凸优化、博弈论、元启发式方法(metaheuristics))的运行时间限制。

尽管人们对移动网络领域的深度学习越来越感兴趣,但是对于深度学习和移动无线网络之间的融合,却缺少全面的调研。本章通过介绍这两个领域交叉点的最新研究结果,填补深度学习与移动、无线网络之间的这一空白。除了回顾相关的文献之外,本章还重点讨论各种深度学习架构的关键优缺点,概述深度学习模型的选择策略,以更有效地解决移动网络的问题。我们进一步研究针对各个移动网络任务定制深度学习的方法,以在复杂环境中实现最佳性能。我们通过精确定位未来的研究方向和未解决的重要问题,作为本章的结尾,提出了值得用深度神经网络进行研究的课题。

6.2 深度学习入门

首先简要介绍深度学习领域中的计算技术背后的基本原理,以及使其成功的关键优势。深度学习本质上是机器学习的一个子分支,深度学习算法能够基于数据进行预测、分类或决策,而无需明确编程。经典深度学习的示例包括线性回归、K-近邻分类器和 Q 学习。与严重依赖某一个领域的专家所定义特征的传统机器学习工具相比,深度学习算法通过多层非线性处理单元,从原始数据中分层提取知识,以便根据某个目标进行预测或采取行动。

最著名的深度学习模型,是神经网络(neural network,NN),但只有具有足够数量隐藏层(通常不止一个)的 NN 才能被视为"深层"模型。除了深层神经网络,其他架构也具有多层结构,如深度高斯过程、神经过程和深度随机森林,也可以被看作是具有深度学习的结构。因此,深度学习相对传统机器学习的主要优点是自动地进行特征提取,通过该自动特征提取,可以避免昂贵、稀缺甚至非常难得的手工设定特征的过程。

一般来说,AI 是一种计算范式,能够赋予机器智能,旨在教会他们如何像人类一样工作、反应和学习。许多技术属于这一广泛的范畴,包括机器学习、专家系统和进化算法。其中,机器学习使人工过程能够从数据中吸收知识,并在不明确编程的情况下做出决策。机器学习算法通常分为监督、无监督和强化学习。深度学习是一系列机器学习技术,模仿生物神经系统,并通过多层转换进行表征学习。

6.2.1　深度学习的演变

　　深度学习起源于 75 年前,当时采用阈值逻辑来产生神经网络的计算模型。然而,直到 20 世纪 80 年代后期,神经网络才引起人们的兴趣,并且多层神经网络可以通过反向传播误差进行有效的训练。LeCun 和 Bengio 随后提出了现在流行的卷积神经网络(CNN)架构,但由于当时可用系统的计算能力限制,进展停滞不前。随着 GPU 的成功,卷积神经网络被用于大幅降低大规模视觉识别挑战(LSVRC)中的错误率。这引起了人们对深度学习的前所未有的兴趣,并且在各种计算机科学领域陆续出现突破。

6.2.2　深度学习的基本原则

　　深度神经网络的关键目标是通过单元(或神经元)的简单和预定义操作的组合,来近似复杂功能。这样的目标函数几乎可以是任何类型,如图像与其类标签之间的映射(分类)、基于历史值计算未来股票价格(回归)、在给定当前状态的情况下决定下一个最佳的国际象棋移动(控制)。执行的操作,通常由具有非线性激活函数的特定隐藏单元组的加权、组合定义,具体操作取决于模型的结构。这些操作与输出单元一起被称为“层”。神经网络架构,则类似于大脑中的感知过程,在给定当前环境的情况下激活一组特定单元,影响神经网络模型的输出。

6.2.3　采用深度学习解决移动和无线网络问题的优势

　　采用深度学习来解决移动和无线网络问题,优势如图 6.1 所示,并做以下介绍。

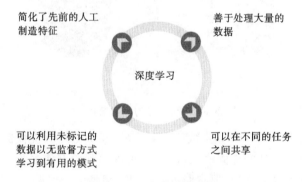

图 6.1　深度学习的优势

　　(1) 特征工程(feature engineering)虽然对传统的机器学习算法的性能至关重要,但代价过于昂贵。深度学习的一个特色优势,是可以自动地从复杂结构和内部关联的数据中提取高级特征,学习过程不需要人工设计,极大地简化了先前的人工制造特征。移动网络背景下,这一点的重要性被放大了,因为移动数据通常是异类源生成的,通常是有噪声的,并且显示出非琐碎的时空模式,这些模式的标记需要大量的人力。

　　(2) 深度学习善于处理大量的数据,而移动网络能够在短时间内生成大量不同类型的数据。训练传统的机器学习算法(如支持向量机 SVM 和高斯过程 GP)有时需要把所有数据存储在内存中,这在大数据场景下是不可计算的。采用随机梯度下降(SGD)对神经网络进行训练,每个训练步骤只需要数据子集,让深度学习对大数据具有可扩展性。利用大数据训练模型能够防止模型拟合,使得深度神经网络进一步受益。

(3)传统的监督学习需要有足够标记的数据,实际情况是目前大多数移动系统产生的是未标记或者半标记的数据。深度学习提供了多种方法,可以利用未标记的数据以无监督方式学习到有用的模式,如 RBM、GAN。

(4)利用深度神经网络学习的压缩表示,可以在不同的任务之间共享,而这在其他机器学习范式中是有限制的或者难以实现的(如线性回归,随机森林等)。这样的好处是可以训练单个模型来实现多个目标,而不需要对不同的任务再次训练模型。这对于移动网络工程是必要的,因为它减少了系统在执行多任务学习应用时的计算和内存需求。

虽然深度学习在解决移动网络问题方面具有独特的优势,但它需要一定的系统和软件支持,才能在移动网络中有效部署和实施,这将在后续章节中讨论。

6.2.4 深度学习在移动与无线网络中的局限性

虽然深度学习在解决移动网络问题时具有独特的优势,但它也有一些缺点,限制了它在这一领域的适用性,如图 6.2 所示,并做以下介绍。

图 6.2 深度学习的局限性

(1)一般来说,深度学习(包括深度强化学习)容易受到对抗性例子的影响。这些例子是指攻击者故意设计的虚假输入,以欺骗机器学习模型使之犯错误。虽然很难将这些样本与真实样本区分开来,但它们可能会引发模型的错误调整。深度学习,特别是卷积神经网络易受这些类型的攻击,这也可能影响移动系统深度学习的适用性。例如,黑客可能利用此漏洞,构建破坏基于深度学习的探测器的网络攻击。构建能够对抗对立范例的强大的深层模型势在必行,同时具有较大的挑战性。

(2)深度学习算法主要是黑盒子,但是其解释性较低。他们的主要突破在于准确性,因为它们显著提高了不同领域许多任务的性能。然而,虽然深度学习能够创建在特定任务中具有高精度的"机器",但我们对于神经网络做出某些决定的原因仍然知之甚少,缺乏对决策依据的理解限制了深度学习的适用性。因此,企业宁愿继续采用具有高解释性的统计方法,同时牺牲准确性。研究人员已经认识到这个问题,并不断努力解决深度学习的这种局限性问题。

(3)深度学习严重依赖于数据,有时可能比模型本身更重要。深度模型可以进一步受益于训练数据增加。这确实是移动网络的一个机会,因为网络会产生大量数据。但是,数据收集可能成本高昂,并且面临隐私问题,因此可能难以获得足够的模型训练信息。在这种情况下,采用深度学习的成本可能会超过收益。

(4)深度学习在计算上要求很高。先进的并行计算(例如 GPU,高性能芯片)促进了深度学习的发展和普及,但深度学习也在很大程度上依赖于这些。深层神经网络通常需要复杂的结构才能获得令人满意的准确度。但是,在嵌入式和移动设备上部署神经网络时,必须考虑能量和能力限制。非常深的神经网络可能不适合这种情况,这将不可避免地损害准确性。

(5)深度神经网络通常具有许多超参数,并且发现它们的最佳配置可能是困难的。对于单个卷积层,我们至少需要为过滤器的数量、形状、步幅和膨胀以及剩余连接配置超参数。这种超参数的数量随着模型的深度呈指数增长,并且可以极大地影响其性能。找到一组好的超参数可能类似于大海捞针。

6.3 在移动网络中实现深度学习

5G 系统寻求提供高吞吐量和超低延时的通信服务。实施深度学习,将智能构建到 5G 系统中以实现这些目标是昂贵的。这是因为需要功能强大的硬件和软件来支持复杂设置中的训练和推理。幸运的是,现在正在出现一些工具,如高级并行计算、分布式机器学习系统、专用深度学习库、快速优化算法和雾计算等,这些工具使移动网络中的深度学习变得切实可见。

这些工具可以看作形成一种分层的结构,它们之间存在协同作用,使网络问题适合采用基于深度学习的方案来解决。通过使用这些工具,一旦完成训练,就可以在几毫秒的时间尺度内进行推断,我们对这些方法进行简单的回顾。

6.3.1 高级并行计算

与传统的机器学习模型相比,深度神经网络具有明显更大的参数空间,中间输出和梯度值的数量。在每个训练步骤中,都需要更新这些中的每一个,这需要强大的计算资源。训练和推理过程涉及大量的矩阵乘法和其他操作,尽管它们可以大规模并行化。传统的中央处理单元(CPU)具有有限数量的内核,因此它们仅支持受限制的计算并行性。将 CPU 用于深度学习实现效率非常低,并且不能满足移动系统的低延时要求。

工程师通过利用 GPU 的强大功能解决了这些问题。GPU 最初是为高性能视频游戏和图形渲染而设计的,但是 NVIDIA 开发的计算统一设备架构(CUDA)和 CUDA 深度神经网络库(cuDNN)等新技术增加了这种类型的硬件,允许用户为特定目的定制使用。GPU 通常包含数千个核心,并且在训练神经网络所需的快速矩阵乘法中表现异常。这提供了比 CPU 更高的内存带宽,并大大加快了学习过程。与 CPU 和 GPU 相比,谷歌开发的最新高级张量处理单元(TPU)甚至可以表现出 $15\sim30$ 倍的高处理速度和 $30\sim80$ 倍的高每瓦性能。

完全依赖光通信的衍射神经网络(D^2NN)已经被成功研发出来,该网络能够以零消耗和零延时进行深度学习。D^2NN 由几个透射层组成,其中这些层上的点充当神经网络中的神经元。训练该结构以优化传输/反射系数,一旦经过训练,透射层将通过 3D 打印实现设计,并且随后可用于推断。

还有许多工具箱可以帮助在服务器端进行深度学习的计算优化。Spring 和 Shrivastava 引入了一种基于散列(hashing-based)的技术,可以显著降低深度网络实现的计算要求。Mirhoseini 等人采用强化学习方案,使机器能够学习深层神经网络混合硬件的最佳操作位置。与之前人类专家的设计相比,他们的解决方案的计算速度提高了 20%。

重要的是,这些系统易于部署,因此移动网络工程师无需从头开始重建移动服务器以支持深度学习计算。这使得在移动系统中实现深度学习成为可能,并加速了移动数据流的处理。

6.3.2　分布式机器学习系统

从异构源(如移动设备、网络探测器等)收集移动数据,并将其存储在多个分布式数据中心。随着数据量的增加,将所有移动数据移动到中央数据中心,以运行深度学习应用程序是不切实际的。因此,运行网络范围的深度学习算法需要支持不同接口(如操作系统、编程语言、库)的分布式机器学习系统,以便能够同时高效地、低开销实现跨地理分布服务器的深度模型的训练和评估。

以分布式方式部署深度学习将不可避免地引入若干系统级问题,这些问题需要满足以下属性。

(1)一致性,保证模型参数和计算过程在所有机器上保持一致。

(2)容错,有效地处理大规模分布式机器学习系统中的设备故障。

(3)通信,优化群集中节点之间的通信并避免拥塞。

(4)存储,根据不同的环境(如分布式集群、单机、GPU)设计有效的存储机制,给定输入输出(I/O)和数据处理多样性。

(5)资源管理,分配工作负载并确保节点协调良好。

(6)编程模型,设计编程接口以支持多种编程语言。

现有研究成果已经推出了若干分布式机器学习系统,能够促进移动网络应用中的深度学习。如 Kraska 引入了一个名为"MLbase"的分布式系统,它可以智能地指定、选择、优化和并行化机器学习算法。他们的系统帮助非专家部署各种机器学习方法,允许在不同服务器上优化和运行机器学习应用程序。Hsieh 开发了一个名为"Gaia"的地理分布式机器学习系统,它通过在广域网上采用先进的通信机制来打破吞吐量瓶颈,同时保持机器学习算法的准确性。他们提议支持多功能机器学习接口(如 TensorFlow、Caffe),而不需要对机器学习算法本身进行重大改变。该系统可以在大规模移动网络上部署复杂的深度学习应用程序。

邢等人开发了一个大型机器学习平台来支持大数据应用。它们的架构实现了高效的模型和数据并行化,实现了参数状态同步沟通,有效降低了成本。肖等人提出了一个名为"TUX2"的机器学习的分布式图形引擎,以支持数据布局优化跨越机器,并减少跨机器通信。它们在具有高达 640 亿边缘的大型数据集上运行时,在收敛性方面表现出卓越的性能。Chilimbi 等人构建了一个分布式、高效且可扩展的系统,名为"Adam3",专为深层模型的培训而定制,在吞吐量、延时和容错方面表现出优秀的性能。另一个名为"GeePS"的专用分布式深度学习系统允许在分布式 GPU 上进行数据并行化,并展示出更高的训练吞吐量和更快的收敛速度。最近,Moritz 等人设计了一个名为"Ray"的专用分布式框架来支持强化学习应用程序。它们的框架由动态任务执行引擎支持,该引擎包含 actor 和任务并行抽象。他们进一步引入了自下而上的分布式调度策略和专用状态存储方案,以提高框架的可扩展性和容错能力。

6.3.3 专门的深度学习库

从头开始构建深度学习模型对于工程师来说可能很复杂,因为除了用于 GPU 并行化的 CUDA 编码之外,这还需要定义每层的转发行为和梯度传播操作。随着深度学习的日益普及,一些专用库简化了这一过程。这些工具箱中的大多数都使用多种编程语言,并且使用 GPU 加速和自动差异支持构建。这消除了手工制作梯度传播定义的需要。常见的深度学习库如图 6.3 所示,并做如下介绍。

图 6.3 常见的深度学习库

1. TensorFlow4

TensorFlow4 是由 Google 开发的机器学习库。它可以在 CPU,甚至移动设备上部署,允许在单一和分布式架构上实现机器学习,在云和雾服务上快速实现深度神经网络。虽然最初是为机器学习和深度神经网络应用而设计的,但 TensorFlow4 也适用于其他数据驱动的研究目的。它为 TensorBoard 提供了一个复杂的可视化工具,帮助用户理解模型结构和数据流,并执行调试。TensorFlow 存在详细的 Python 文档和教程,同时还支持其他编程语言,如 C、Java 和 Go。目前它是最受欢迎的深度学习库。在 TensorFlow4 的基础上,Google 发布了几个专用的深度学习工具箱,以提供更高级的编程接口,包括 Keras 6、Luminoth 7 和 TensorLayer。

2. Theano

Theano 是一个 Python 库,允许有效地定义、优化和评估涉及多维数据的数值计算。它提供 GPU 和 CPU 模式,使用户可以根据不同的机器定制程序。然而,学习 Theano 是困难的,并且使用它来构建神经网络需要大量的编译时间。虽然 Theano 拥有庞大的用户群和支持社区,并且在某个阶段是最受欢迎的深度学习工具之一,但目前其受欢迎程度正在迅速下降。

3. Caffe2

Caffe2 是由 Berkeley AI Research 开发的专用深度学习框架,最新版本 Caffe2 由

Facebook 发布,它继承了旧版本的所有优点。Caffe2 已经成为一个非常灵活的框架,使用户能够有效地构建他们的模型。它还允许在分布式系统中的多个 GPU 上训练神经网络,并支持在移动操作系统(如 iOS 和 Android)上进行深度学习,很有可能在未来的移动边缘计算中发挥重要作用。

4. PyTorch

PyTorch 是一个科学计算框架,广泛支持机器学习模型和算法。它最初是用 Lua 语言开发的,但开发人员后来发布了一个改进的 Python 版本。从本质上讲,PyTorch 是一个轻量级工具箱,可以在智能手机等嵌入式系统上运行,但缺乏全面的文档。由于在 PyTorch 中构建神经网络非常简单,因此该库的流行度正在迅速增长。它还提供丰富的预训练模型和模块,易于重复使用和组合。PyTorch 现在由 Facebook 正式维护,主要用于研究目的。

5. MXNeT

MXNeT 是一个灵活且可扩展的深度学习库,为多种语言提供接口(如 C++、Python、MATLAB、R 等)。它支持不同级别的机器学习模型,从逻辑回归到 GAN。MXNeT 为单机和分布式生态系统提供快速数值计算。它将深度学习中常用的工作流程包装到高级功能中,这样可以轻松构建标准神经网络而无需大量的编码工作。但是,学习如何在短时间内使用此工具箱很困难,因此喜欢这个库的用户数量相对较少。MXNeT 是亚马逊的官方深度学习框架。

6. 其他的学习库

虽然其他的学习库不太受欢迎,但还是有一些优秀的深度学习库,如 CNTK、Deeplearning4j、Blocks、Gluon 和 Lasagne,它们也可用于移动系统。其中的选择因具体应用而异。对于打算在网络领域采用深度学习的 AI 初学者,PyTorch 是一个很好的选择,因为在这种环境中很容易构建神经网络,并且已经针对 GPU 进行了很好的优化。另一方面,对于追求高级操作和大规模实施的人来说,TensorFlow 可能是一个更好的选择,因为它已经被很好地建立,维护良好并且已经成为许多 Google 工业项目的框架。

6.3.4 快速优化算法

在深度学习中优化的目标函数通常是复杂的,因为它们涉及海量数据函数的总和。随着模型的深度增加,这些函数通常表现出具有多个局部最小值、临界点和鞍点的高非凸性。在这种情况下,传统的随机梯度下降(SGD)算法在收敛方面较慢,这将限制它们对延时受限的移动系统的适用性。为了克服这个问题并稳定优化过程,许多算法改进了传统的 SGD,允许神经网络模型更快地针对移动应用进行训练。我们总结了这些优化器背后的关键原理,简述如下。

1. 固定学习率 SGD 算法

Suskever 引入了具有 Nesterov 动量的 SGD 优化器的变体,该动量在应用当前速度后评估梯度,该方法在优化凸函数时表现出更快的收敛速度。另一种方法是 Adagrad,它根据更新频率执行自适应学习以对参数进行建模。这适用于处理稀疏数据,并且在稳健性方面明显优于 SGD。Adadelta 改进了传统的 Adagrad 算法,使其能够更快地收敛,并且不依赖于全局学习率。RMSprop 是由 G. Hinton 引入的一种流行的基于 SGD 的方法,它通过指数平滑梯度的平均值来划分学习率,并且不需要为每个训练步骤设置学习率。

2. 自适应学习速率 SGD 算法

Kingma 和 Ba 提出了一个名为"Adam"的自适应学习速率优化器,它通过计算梯度一阶矩引入了动量的概念。该算法在收敛方面速度快,对模型结构具有高度鲁棒性,如果无法确定使用何种算法,则该算法被认为是首选。通过将动量结合到 Adam 中,Nadam 对梯度应用了更强的约束,从而实现更快的收敛。

3. 其他优化器

Andrychowicz 等人建议动态学习优化过程。它们将梯度下降作为可训练的学习问题,在神经网络训练中表现出良好的泛化能力。Wen 等人提出了一种适用于分布式系统的训练算法。它们在训练过程中将浮点梯度值量化为$\{-1,0,+1\}$,理论上要求节点之间的梯度通信减少 20 倍。周等人采用差异私有机制来比较训练和验证梯度,以达到再次使用样本、保持信息常新的目的,显著减少训练期间的过度拟合。

6.3.5　雾计算

雾计算范例为在移动系统中实现深度学习提供了新的机会。雾计算是指允许在网络边缘部署应用程序或数据存储的一组技术,如在各个移动设备上。这减少了通信开销,降低了数据流量,减少了用户端延时,并减轻了服务器端的计算负担。雾计算的一个正式定义在相关文献中给出:"大量异构(无线且有时是自治的)无处不在地和分散的设备之间进行通信并可能合作,并与网络进行协作,以执行存储并在没有第三方干预的情况下处理任务"。更具体地说,它可以指智能手机,可穿戴设备和存储、分析和交换数据的车辆,从云中减轻负担并执行更多延迟敏感任务。由于雾计算涉及边缘部署,因此参与设备通常具有有限的计算资源和电池电量。因此,深度学习实现需要特殊的硬件和软件。

1. 雾计算的硬件

有许多人努力试图将深度学习计算从云端转移到移动设备,如 Gokhale 等人开发了一种名为"神经网络 neXt"的移动协处理器,它可以加速移动设备中的深度神经网络执行,同时保持低能耗。邦等人推出低功耗和可编程深度学习处理器,在边缘设备上部署移动智能。它们的硬件仅消耗 288 μW,但效率达到 374 GOPS/W。一种名为"TrueNorth"的神经突触芯片由 IBM 提出,他们的解决方案旨在支持嵌入式电池供电的移动设备上的计算密集型应用。高通公司推出骁龙神经处理引擎,支持针对移动设备定制的深度学习计算优化。他们的硬件允许开发人员在骁龙 820 板上执行神经网络模型,以满足各种应用需求。Movidius15 与谷歌密切合作,开发了嵌入式神经网络计算框架,允许在移动网络边缘进行用户定制的深度学习部署。他们的产品可以实现令人满意的运行效率,同时以超低功耗要求运行。同时,他们的产品也进一步支持差异框架,如 TensorFlow 和 Caffe,支持用户在工具包中进行灵活的选择。近年,华为正式宣布将麒麟 970 作为芯片上的移动 AI 计算系统。他们的创新框架采用专用的神经处理单元(NPU),大大加速了神经网络计算,可在移动设备上实现每秒 2000 张图像的分类。

2. 雾计算的软件

除了这些硬件的进步,还有一些软件平台试图优化移动设备上的深度学习,除了 TensorFlow 和 Caffe 的移动版本之外,腾讯还发布了一个轻量级、高性能的神经网络推理框架,专门针对移动平台而定制,依赖于 CPU 计算。此工具箱在推理速度方面优于所有已知的基于 CPU 的开源框架。苹果开发了"Core ML",这是一个私有机器学习框架,用于在 iOS 11.19 上实现移动深度学习,这降低了希望在苹果设备上部署机器学习模型的开发人员的入门门槛。姚等人开发了一个名为"DeepSense"的深度学习框架,致力于移动传感相关数据处理,提供适用于各种边缘应用的通用机器学习工具箱。它具有适中的能量消耗和低延时,因此可以在智能手机上进行部署。上面提到的技术和工具箱使深度部署移动网络应用中的学习实践变得可行。

接下来,我们将简要介绍几种具有代表性的深度学习架构,并讨论它们对移动网络问题的适用性。

6.4 深度学习方法

机器学习方法可分为三类,监督学习、无监督学习和强化学习。深度学习体系结构在许多领域都取得了显著的性能。在本节中,我们将介绍支持几种深度学习模型的关键原理,并讨论它们在解决移动网络问题方面的潜力。

6.4.1 多层感知器

多层感知器(multilayer perception,MLP)是早期的、最初的人工神经网络(ANN),至少由三层操作组成。每层中的单元都是紧密相连的,因此需要配置大量的权重。通常只有包含多个隐藏层的 MLP 才被视为具有深度学习的结构。

给定一个向量 x,一个标准的 MLP 执行如下的操作:

$$y = \sigma(W \cdot x + b)$$

式中:y 表示隐藏层的输出;W 表示权重;b 表示偏差;$\sigma(\cdot)$ 是激活函数,其目的是增强模型的非线性效应。较为常用的激活函数有 Sigmoid,式为

$$\text{Sigmoid}(x) = \frac{1}{1 + e^{-x}}$$

修正线性单元,也称作线性整流函数(rectified linear unit,ReLU),式为

$$\text{ReLU}(x) = \max(x, 0)$$

双曲正切函数(tanh),式为

$$\tanh(x) = \frac{e^x - e^{-x}}{e^x + e^{-x}}$$

以及缩放指数型线性单元(scaled exponential linear unit,SELU),式为

$$\text{SELU}(x) = \lambda \begin{cases} x, & \text{if } x > 0 \\ \alpha e^x - \alpha, & \text{if } x \leqslant 0 \end{cases}$$

其中经常使用的参数 $\lambda = 1.0507$ 和 $\alpha = 1.6733$。此外,执行分类时,softmax 函数通常用于最后一层:

$$\mathrm{softmax}(x_i) = \frac{\mathrm{e}^{x_i}}{\sum_{j=0}^{k} \mathrm{e}^{x_k}}$$

其中：k 是分类中涉及的标签数量。Sigmoid 和 tanh 一直是最广泛使用的激活函数。这两种函数具有梯度消失的问题，阻碍了在神经网络多层之间梯度的有效传播。因此，这些函数越来越多地被 ReLU 或 SELU 取代。SELU 可以对每层的输出进行标准化，从而显著加速训练收敛，并且可以视为批量标准化（batch normalization）的替代。

MLP 可用于有监督、无监督、甚至强化学习目的。尽管这种结构是过去最流行的神经网络，但由于它具有高度的复杂性（全连接结构）、适度的性能和较低的收敛效率，其普及率正在下降。MLP 主要用作基线或集成到更复杂的体系结构中（如 CNN 中用于分类的最后一层）。构建一个 MLP 很简单，可以用它在特定的移动网络应用建模中，协助特征提取。先进的自适应神经网络学习（ADANET）使 MLP 能够动态地训练其结构以适合输入。这种新的体系结构可以潜在地用于分析不断变化的移动环境。

6.4.2　受限玻尔兹曼机器

受限玻尔兹曼机器（restricted Boltzmann machine，RBM）最初设计用于无监督学习的目的。它们本质上是一种基于能量的无向图形模型，包括一个可见层和一个隐藏层（只有两个层），并且每个单元只能假设二进制值（即 0 和 1）。可见层中包含了多个可见单位，输入数据一般分配给可见单位；隐藏层中包含了多个不可见的隐藏单元，这些隐藏单元通过权重，以一对多的方式完全链接到所有的可见单元上，这类似于标准的前馈神经网络。但是，与 MLP 中只有输入向量就可以影响隐藏单元的情况不同，使用 RBM，可见单位的状态可以影响隐藏单元的状态；反之亦然。

在一个阶段的应用中，基于 RBM 的模型通常被用来初始化神经网络的权值。随后，可以使用标准的反向传播算法对预先训练的模型进行微调，以达到监督学习的目的。一组 RBM 被称为深度信念网络（DBN），它在许多应用中执行分层训练，并在与 MLP 比较时取得优异的性能，包括时间序列预测、比率匹配和语音识别。这种结构甚至可以扩展到卷积结构，以学习层次空间表示。

6.4.3　自动编码器

自动编码器（auto-encoder，AE）设计用于无监督学习，并尝试将输入复制到输出。AE 通常用于学习降维数据的紧凑表示，可以通过初始化深度体系结构的权重进一步得到扩展版本，例如去噪自动编码器（denoising auto-encoder，DAE）也可以从目标数据分布生成虚拟示例，例如可变自动编码器（variational auto-encoders，VAE）。我们来简要描述一下 VAE 的构成和工作原理。

VAE 通常包括两个神经网络——编码器和解码器。编码器的输入是一个数据点 x（如图像），其功能是将这个输入编码到一个潜在的表示空间中去。假设 $f_{\theta}(z \mid x)$ 是一个编码器，其参数为 θ，z 是服从高斯分布的一个样本，编码器的目标则是输出高斯分布的平均值和方差。同样假设 $g_{\omega}(x \mid z)$ 是一个解码器，其参数为 ω，这里 z 作为输入，输出为 x。VAE 的目标是最小化数据的重建误差，与 $p(z)$ 和 $F_{\theta}(z \mid x)$ 之间的 Kullback-Leibler（KL）偏差。训练后，VAE 可以通过以下方式生成新的数据点样本：

（1）从分布里实现潜在变量，即

$$z_i \sim p(z)。$$

（2）推断得到新的数据点 $x_i \sim p(z|x)$。

AE 可以用来解决网络安全问题。一些研究论文证实了 AE 在不同情况下检测异常的有效性。RBM 和 AE 的结构基于 MLP、CNN 或 RNN。他们的目标相似，但他们的学习过程不同。这两种方法都可用于从未标记的移动数据中提取模式，随后这些模式可用于各种受监控的学习任务，例如路由、移动活动识别、眼周验证（periocular verification）和基站用户数预测。

6.4.4 卷积神经网络

卷积神经网络（convolutional neural network，CNN 或 ConvNet）不采用层间的完全连接，而是使用一组本地连接的内核（过滤器）来捕获不同数据区域之间的相关性。以一个二维卷积层的操作为例，二维 CNN 层的输入是多个具有不同通道的二维矩阵（例如图像的 RGB 表示）。卷积层使用多个过滤器在不同位置共享，以"扫描"输入并生成输出映射。一般来说，如果输入和输出分别有 M 和 N 滤波器，卷积层将需要 $M \times N$ 个筛选器来执行卷积操作。

CNN 利用以下三个重要思想改进了传统的 MLP。

（1）稀疏交互。

（2）参数共享。

（3）等变表示（equivariant representations）。

这显著减少了模型参数的数量，并保持了仿射不变性（即识别结果对物体的仿射变换具有鲁棒性）。具体来说，稀疏交互意味着权重内核的大小小于输入的尺寸，它执行移动过滤以产生当前层的输出（与输入大小大致相同）。参数共享是指使用相同的内核扫描整个输入映射，这显著减少了所需参数的数量，从而降低了过度拟合的风险。等变表示表明卷积运算在平移、尺度和形状上是不变的。这对于图像处理特别有用，因为基本特征可能出现在图像的不同位置，具有不同的仿射模式。

由于上述特性，CNN 在成像应用中获得了显著的性能。例如利用 CNN 对 ImageNet 数据集上的图像进行分类，可以将 Top-5 的错误减少 39.7%，并彻底改变成像分类领域。GoogLeNet 和 Resnet 显著增加了 CNN 结构的深度，并提出了初始和剩余学习技术来解决深度引入的过度拟合和梯度消失等问题。密集卷积网络（densenet）进一步改善了它们的结构，该网络重用了每一层的特征图，从而相比其他基于 CNN 的模型实现了显著的精度改进，同时需要更少的层。CNN 也扩展到了视频应用。冀等人提出了视频活动识别的三维 CNN，与二维 CNN 相比具有更高的准确性。

考虑到图像和空间移动数据（如移动流量快照、用户移动等）之间的高度相似性，基于 CNN 的模型在网络范围的移动数据分析中具有巨大的潜力。

6.4.5 复发神经网络

复发（递归、回归、循环）神经网络（recurrent neural network，RNN）是为修正序列数据而设计的，其中序列相关性存在于样本之间。在每个时间步骤中，它们通过隐藏单元之间的循环连接产生输出。

给定一个输入向量 $x=(x_1,x_2,\cdots,x_T)$，一个标准的 RNN 进行如下操作：

$$s_t=\sigma_s(w_x x_t+w_x s_{t-1}+b_s)$$

$$h_t=\sigma_h(w_h s_t+b_h)$$

其中：s_t 表示在时间 t 的网络状态，同时也是构建网络的存储器单元，其值由输入 x_t 和先前状态 s_{t-1} 进行特定的函数计算得到；h_t 是时间 t 的网络输出，在自然语言处理应用程序中，这通常表示语言向量，并且在由嵌入层处理之后成为 $t+1$ 处的输入；权重 w_x、w_h，和偏差 b_s、b_h 在不同的时间位置共享，这降低了模型的复杂性和过度拟合的程度。

RNN 通过时间反向传播（backpropagation through time，BPTT）算法进行训练。然而，传统 RNN 中经常出现梯度消失和爆炸问题，这使得它们特别难以训练。长期短期记忆（LSTM）通过引入一组"门"来缓解这些问题，这些"门"已在许多应用中被证明是成功的（如语音识别、文本分类和可穿戴设备中的活动识别），这些门可以缓解梯度问题并显著改善 RNN。

移动网络从各种来源产生大量的顺序数据，如数据流量、移动网络用户轨迹和应用延时的演变。研究 RNN 有助于增强对移动网络中时间序列数据的分析。

6.4.6　生成对抗网络

生成对抗网络（generative adversarial network，GAN）是一个框架，它使用如下的对抗过程来训练生成模型。它同时训练两个模型：一个生成模型，即从训练数据中得到近似目标数据分布；一个判别模型，估计样本来自实际训练数据而不是生成数据的概率。这两个模型都来自正常的神经网络，判别模型的训练过程旨在最大化生成模型犯错误的概率。对应于这两个模型的具体计算分别是所谓的发生器和鉴别器，当 GAN 执行时，不断地迭代训练发生器和鉴别器，即在训练其中一个模型的时候，另一个模型保持固定。如果模型在迭代过程中收敛，就得到训练的最终结果，即生成模型最终可以产生接近目标分布、与训练样例相同的数据。在实际操作中，发生器将噪声矢量作为输入，并产生遵循目标分布的输出。鉴别器则尝试区分发生器的输出是真实样本还是人工制品（假的）。这样反复的迭代，就有效地构建了一个动态的游戏，如果发生器和鉴别器都变为最优，即达到了所谓的纳什均衡（nash equilibrium），此时的发生器可以产生鉴别器无法区分的逼真数据，也就是说鉴别器会随机地判别发生器的输出，正确与错误的概率各为百分之五十。

传统 GAN 的培训过程对模型结构、学习速率和其他超参数高度敏感。研究人员通常需要采用大量临时的技巧，来实现融合并提高生成数据的保真度。GAN 可以通过最小化推断和实际数据分布之间的差异来改善一些监督任务（如超分辨率、对象检测和面部完成）的性能。利用 GAN 的无监督学习能力可以用于生成用来模拟仿真的合成移动数据，或协助完成移动网络应用中的特定监督任务。鉴于运营商通常不愿意共享其网络数据，这在缺少适当数据集的任务中变得更加重要。

6.4.7　深度强化学习

深度强化学习（deep reinforcement learning，DRL）是指通过深度神经网络来逼近近似价值函数（得到的方法称为 deep-Q-learning）、或逼近策略函数（得到的方法称为 policy gradient method）的一组方法。一个所谓的代理，即一个神经网络，不断地与环境交互,并接收作为反馈的奖励信号。这个神经网络在每个步骤中选择一个操作,这将更改环境的状态。神经网络的训练目标是优化其参数,使其能够选择可能产生最佳未来回报的动作。DRL 非常适合具有大量可能状态(即环境是高维的)的问题。典型的 DRL 方法包括深度 Q 网络(deep-Q-network,DQN)、深策略梯度方法(deep policy gradient method)、异步优势行动者与批评家(asynchronous advantage actor-critic)、彩虹(rainbow)和分布式近端策略优化(distributed proximal policy optimization,DPPO)。这些技术在人工智能游戏、机器人技术和自动驾驶中表现尤为突出,近年取得了令人鼓舞的突破。

特别需要指出的是,DQN 首先是由 DeepMind 提出来,用于玩 Atari 视频游戏。但是,传统的 DQN 需要进行几项重要调整才能正常运行。其中的 A3C 方法采用了所谓的"行动-评论机制","行动者"选择给定环境状态的动作,"评论者"估计给定状态和动作的值,然后向"行动者"提供反馈。A3C 在 CPU 的不同线程上部署不同的"行动者"和"评论者",以打破对数据的单纯依赖,这样显著增强了训练的收敛性,能够在 CPU 上快速训练 DRL 代理。另一种方法 Rainbow 则是结合了 DQN 的不同变体,发现它们在某种程度上是互补的,这种见解改善了许多 Atari 游戏的性能。为了解决策略梯度方法中的步长问题,Schulman 等人提出了一种分布式近端策略优化(DPPO)方法来约束新策略的更新步骤,并以分布式方式在多线程 CPU 上实现这一点。

6.5 深度学习驱动的移动和无线网络

深度学习在移动和无线网络中均具有广泛的应用。本节将对不同移动网络工作领域利用深度学习取得的研究成果做一总结,并比较它们的设计和原理。我们首先讨论如何获取移动大数据,然后从以下九个方面来阐述深度学习的近年成果。

(1)深度学习驱动的网络级移动数据分析,侧重于基于网络内收集的移动大数据构建的深度学习应用,包括网络预测、流量分类和呼叫详细记录(CDR)挖掘。

(2)应用程序级移动数据分析,将注意力转向边缘设备上的移动数据分析。

(3)用户移动分析,揭示使用深度神经网络了解移动用户在群体或个人层面的移动模式的好处。

(4)用户本地化,根据从移动设备或无线通道接收到的不同信号,审查使用深度神经网络在室内或室外环境中对用户进行本地化的功能。

(5)无线传感器网络,从四个不同的角度讨论了在无线传感器网络中深入学习应用的重要工作,即集中与分散感测、无线传感器网络数据分析、无线传感器网络定位等应用。

(6)网络控制研究深度强化学习和深度模拟学习,在网络优化、路由、调度、资源分配和无线电控制方面的应用。

(7)深度学习驱动的网络安全,提供利用深度学习提高网络安全的工作,集中在基础设施、软件和隐私安全等相关方面。

(8)深度学习驱动的信号处理,详细检查从深度学习中受益的物理层方面,并审查信号处理的相关工作。

(9)新兴的深度学习驱动的移动网络应用程序,展示了移动网络中其他相互影响的深度学习应用程序。

6.5.1 移动大数据的获取

移动技术的发展(如智能手机、增强现实等)促使移动运营商需要大力发展其移动网络基础设施建设。为了能够应对每天产生和消费大量移动数据的用户,移动网络的云和边缘,都变得越来越复杂。

这些移动数据可以由记录个人用户行为的移动设备传感器生成,也可以由反映城市环境动态的移动网络基础设施生成。适当地挖掘这些数据可以使移动网络管理、社会分析、公共交通、个人服务提供等多学科研究领域和行业受益。

网络运营商在管理和分析大量异构移动数据时,已经变得不堪重负。而深度学习可能是能够克服这种负担的最强大的方法。为了能够更加深入了解深度学习是如何驱动移动数据分析的,首先我们来介绍移动大数据的特点。

移动数据可以分为两组,即网络级数据和应用程序级数据。它们之间的关键区别在于前者的数据通常由边缘移动设备收集,后者则通过网络基础设施获取。

1. 网络基础设施生成的网络级移动数据

网络基础设施生成的网络级移动数据不仅包括了移动网络性能的全局视图(例如吞吐量、端到端延时、抖动等),还通过CDR记录单个会话时间、通信类型、发送方和接收方信息。网络级数据通常表现出由于用户位置移动而引起的显著时空变化的特点,可用于网络诊断和管理、用户流动性分析和公共交通规划。一些网络级数据,例如大量移动用户的流量快照,可以被视为"全景照相机"拍摄的照片,这为城市传感提供了对应规模的传感系统。

2. 直接记录应用程序级数据

该数据通过安装在各种移动设备中的传感器或移动应用程序采集。这些数据经常通过众包(crowd-sourcing)方案从不同来源收集,例如全球定位系统(GPS)、移动摄像机、录像机,以及便携式医疗监视器。

移动设备充当传感器集线器,负责数据收集和预处理,然后根据需要将这些数据分发到特定位置。应用程序级移动数据首先可由安装在移动设备上的软件开发工具包(SDK)生成和收集。这些数据随后由实时收集和计算服务进行处理(如Storm、Kafka、HBase、Redis等),也可以通过使用各种工具(如 HDFS、Python、Apache Mahout、Apache Pig 或 Oozie)将移动数据进行离线存储和计算。原始数据和分析结果将进一步传输到数据库(如MySQL)、商务智能(如online analytical processing,OLAP)和数据仓库(如 Hive)。除此以外,系统还设置了一个所谓的算法容器(algorithms container),作为整个系统的核心连接到前端访问、雾计算、实时采集、离线计算和分析模块。同时,算法容器也直接连接到移动应用程序,如移动医疗、模式识别、广告平台。深度学习逻辑可以放在算法容器中。

应用程序级数据可以直接或间接地反映用户的行为,如移动性、偏好和社交链接。分析来自个人的应用程序级数据,这有助于重新构建个人的性格和偏好,能够用于推荐系统和面向用户的广告。其中一些数据包含关于个人身份的明确信息,不适当地共享和使用这部分数据,会引发较为严重的隐私问题。因此,在不损害用户隐私的情况下,从终端传感设备中提取有用数据的模式,仍然是一项具有挑战性的工作。

与传统的数据分析技术相比,深度学习包含下列几个独特的功能,可以解决上述问题。

(1)深度学习在各种数据分析任务中,无论是结构化数据还是非结构化数据,都能取得显著的性能。某些类型的移动数据可以表示为图像或串行数据。

(2)深度学习在从原始数据提取特征方面表现出色。这就节省了手工提取特性的巨大工作量,这使得在模型设计上花费更多的时间,而在数据本身排序上花费更少的时间。

(3)深度学习提供了处理未标记数据的优秀工具(如 RBM、AE、GAN),而未标记数据在移动网络日志中很常见。

(4)多模式深度学习允许学习多模式的功能,这使得它能够使用从异构传感器和数据源收集的数据进行建模。

这些优点使深入学习成为移动数据分析的有力工具。

6.5.2 网络级移动数据分析

网络级移动数据,广泛指互联网服务提供商记录的日志,包括基础设施元数据、网络性能指标和 CDR。近年来,深度学习的显著成功激发了全球对利用这种方法进行移动网络级数据分析的兴趣,这可以优化移动网络配置,从而提高最终用户体验的质量。这些工作可以分为四类:网络状态预测、网络流量分类、CDR 挖掘和无线电分析。

网络状态预测是指在给定历史度量或相关数据的情况下,推断移动网络流量或性能指标。研究表明,MLP 方法能够有效地用于研究网络状态、关键目标指标与用户体验质量(QoE)之间的关系。研究人员使用 MLP 根据平均用户吞吐量、单元中活跃用户的数量、每个用户的平均数据量和信道质量指标来预测移动通信中用户的 QoE,显示出较高的预测精度。网络流量预测是另一个深入学习中变得越来越重要的领域。通过利用稀疏编码和最大池化(max-pooling),研究人员 Gwon 和 Kung 等人开发了一个半监督的深度学习模型,对接收到的帧/包模式进行分类,并推断 WiFi 网络中流(flow)的原始属性。该模型显示出优于传统的机器学习技术的性能。研究人员也针对无线网状网络(mesh network)中的流量需求模式,设计了一个结合高斯模型的 DBN 方法,能够精确地估计网络中的流量分布。

除此之外,一些研究人员还利用深度学习,通过考虑地理移动交通测量的时空相关性,预测城市规模的移动交通。研究人员王等人提出利用 LSTMs 对移动交通分布的时空相关性进行建模,使用了一个全局和多个局部叠加的 AES 来实现空间特征提取、降维和并行训练。提取的压缩表示随后由 LSTMs 进行处理,以执行最终预测。在实际数据集上进行的实验表明,与支持向量机和自回归综合移动平均(ARIMA)模型相比,该模型具有更好的性能。张等人将移动流量预测扩展到长时间框架,构建了时空神经网络,在城市尺度上捕捉复杂的时空特征。他们还引入了一种微调方案和轻量级方法,将预测与历史方法相结合,这显著延长了可靠预测步骤的长度。移动通信中的时空依赖性还可以通过基于图的神经网络来学习。这些工作也证明了深度学习在社会事件上精确的推断潜力。

近来,张等人提出一种原始的移动流量超分辨率(mobile traffic super-resolution,

MTSR)技术,根据探测得到的粗粒度对应物,推断网络范围内的细粒度移动流量消耗,从而减少流量测量开销。受图像超分辨率技术的启发,他们设计了一个具有多层跳接的专用CNN,称为深拉链网络(deep zipper network),以及一个生成对抗网络(GAN),以执行精确的MTSR,并提高推断流量快照的保真度。对一个真实数据集的实验表明,这种体系结构可以将一个城市的移动流量测量粒度提高100倍,同时显著优于其他插值技术。

6.5.3 应用程序级移动数据分析

由于IoT的日益普及,当前的移动设备捆绑了越来越多的应用程序和传感设备。这些应用程序和传感器可以收集大量的应用程序级移动数据,利用人工智能从这些数据中提取有用的信息可以扩展设备的能力,从而极大地惠及用户本身、移动运营商和间接设备制造商。因此,移动数据分析成为移动网络领域的一个重要而热门的研究方向。

尽管如此,嵌入移动设备的感知设备仍然面临挑战。如移动设备通常在嘈杂、不确定和不稳定的环境中工作,在这些环境中,移动设备的用户移动速度很快,并且经常改变其位置,周边的活动环境也会发生改变。因此,传统的机器学习工具很难进行应用级的移动数据分析,其性能相对较差。高级深度学习实践为应用程序级数据挖掘提供了强大的解决方案,因为它们在物联网应用程序中表现出更好的精度和更高的鲁棒性。

应用级移动数据分析有两种方法,即基于云的计算和基于边缘的计算。基于云的计算将移动设备视为数据收集器和信使,它们通过具有有限数据预处理功能的本地访问点,不断向云服务器发送数据。该场景通常包括以下步骤:

(1)用户查询本地移动设备/与本地移动设备交互。

(2)查询传输数据到云中的服务器。

(3)服务器收集为模型训练和推理而接收的数据。

(4)查询结果随后发送回每个设备进行存储和分析。

这种情况的缺点是,通过互联网不断地向服务器发送和接收消息会带来开销,并可能导致严重的延迟。相反,在基于边缘的计算场景中,预先培训的模型从云卸载到单个移动设备,这样它们就可以在本地进行推断。该场景通常包括以下内容:

(1)服务器使用离线数据集对每个模型进行预训练。

(2)将预先训练的模型卸载到边缘设备。

(3)移动设备使用该模型在本地执行推论。

(4)云服务器接受本地设备的数据。

(5)必要时使用这些数据更新模型。

虽然这种方案需要较少的与云的交互,但其适用性受到边缘硬件的计算和电池功能的限制。因此,它只能支持需要少量计算的任务。

许多研究人员通过深度学习进行应用程序级的移动数据分析,如根据其应用领域可以分为,移动健康、移动模式识别、移动自然语言处理(NLP)和自动语音识别(ASR)等。我们简要描述一下这些领域中深度学习的使用情况。

1. 移动健康

市场上已有越来越多的可穿戴式健康监测设备。通过整合医疗传感器,这些设备可以捕捉载体的身体状况并提供实时反馈(如心率、血压、呼吸状态等),或者触发警报提醒用户采取医疗行动。例如,深度学习驱动的工具 Mobiear,能够帮助聋人提高对紧急情况的意识。Mobiear 可以在智能手机上高效运行,只需要很少的与服务器进行的通信即可进行更新。Ubiear 作为 Mobiear 的升级版,可以在 Android 平台上运行,以帮助难以听到声音的患者识别声学事件,而不需要位置信息。

Hosseini 等人为健康监测和治疗设计了一个边缘计算系统。该系统使用 CNN 从移动传感器数据中提取特征,在对癫痫病人的定位应用中发挥了重要作用。一款名为 Cloudupdrs 的移动安卓应用程序成功用于对帕金森症患者进行管理。在这款程序中,MLP 被用来接收和处理智能手机收集的数据,以保持高质量的数据样本。

根据深度学习在医学数据分析中表现出的显著效果,我们预计将出现越来越多的依靠深度学习驱动的医疗保健设备,以改善身体监测和疾病诊断。

2. 移动模式识别

近年来,先进的移动设备成为人们便携式的智能助理,它可以提供多种类型的应用程序,根据手机摄像装置以及其他类型的传感器的输出信息,对手机周围的物体或用户的行为进行分类。接下来我们简单回顾一下近年来移动模式识别的研究成果。

1) 目标分类

移动设备拍摄的图像中的目标分类正引起越来越多人的研究兴趣。DeepCam 是一种移动对象识别框架,该框架的体系结构包括众包标记过程,旨在减少手工标记的工作量,以及一个为在移动设备上部署而构建的协作式训练实例生成通道。对原型系统的评估表明,该框架在训练和推理方面是有效的。近年,在移动设备上使用 CNN 方案执行任务识别的适用性得到深入的研究。研究人员通过对三种不同的模型部署场景分别在 GPU、CPU 以及移动设备上进行了实验,结果表明,深度学习模型可以有效地嵌入到移动设备中进行实时推理。

移动分类器还可以帮助虚拟现实(VR)应用程序。当用户在虚拟现实环境中佩戴头戴式显示器时,CNN 框架可以用来对面部表情进行识别。此外,基于深度学习的目标探测器已经被纳入移动增强现实(AR)系统中。他们的系统在探测和渲染户外环境中的几何物体方面取得了卓越的性能。

2) 活动识别

活动识别是另一个有趣的领域,它依赖于运动传感器收集的数据,是指根据视频捕捉、加速度计读数、被动红外探测器(PIR)、人类受试者执行的特定动作和活动等收集的数据进行分类的能力。收集的数据将被传送到服务器进行模型训练,模型随后将被部署到特定领域的任务中。

传感器数据的基本特征可由神经网络自动提取。Almasukh 等人通过分析从加速度计和陀螺仪传感器收集到的离线智能手机数据集,使用深度 AE 执行人类活动识别。李等人则考虑不同的活动识别场景,在实施过程中,将射频识别(RFID)数据直接发送到 CNN 模型,用于识别人类活动。

根据智能手表收集的 7 种传感器数据,利用 RBM 能有效预测人类活动。对相关样机的实验表明,该方法能有效地满足在可容忍功率要求下识别目标。Ordonez 和 Roggen 设计了一个高级 ConvLSTMs,用于融合从多个传感器收集的数据,并执行活动识别。利用 CNN 和 LSTM 结构,ConvLSTMs 可以自动将时空传感器数据压缩为低维表示,而无需进行大量的数据后处理工作。王等人利用 Google Soli 构建移动用户-机器交互平台。通过对毫米波雷达捕获的射频信号进行分析,其结构能够高精度识别 11 种手势。他们的模型在服务器端进行了训练,并在本地移动设备上执行推论。近年,赵等人设计了一个 4D CNN 框架(3D 用于空间维度+1D 用于时间维度),利用射频信号重建人类骨骼。这种新的方法类似于虚拟的"X 光",能够准确地估计人体姿势,而不需要实际的摄像机。

3) 移动自然语言处理(NLP)和自动语音识别(ASR)

近年在 NLP 和 ASR 方面,深度学习取得的显著成就也被移动设备的应用所借鉴。

由苹果公司开发的智能个人助理 Siri 以深度学习为动力,采用深度混合密度网络来解决典型的机器人语音问题,并合成更像人类的语音。谷歌发布的 Android 应用程序支持移动个性化语音识别,这将量化 LSTM 模型压缩中的参数,允许应用程序在低功耗手机上运行。

Yoshioka 等人提出一个将"网中网"结构整合到 CNN 模型中的框架,该模型允许在嘈杂环境中使用移动多麦克风设备执行 ASR。阮等人的研究表明,在 ASR 的帮助下,英语和汉语的输入速度比标准键盘输入速度分别快 3.0 倍和 2.8 倍。研究表明,深入学习对多任务音频感知也非常适用,一种适合于嵌入式音频传感任务的新型深度学习建模与优化框架被提出。为此,研究人员有选择地共享不同任务之间的压缩表示,从而减少训练和数据存储开销,而不会显著降低单个任务的准确性。作者在内存受限的智能手机上评估他们的框架,该智能手机执行四个音频任务(即说话人识别、情绪识别、压力检测和环境场景分析)。实验表明,该方案在能量、运行时间和内存方面都能达到较高的效率,同时保持了良好的精度。

4) 其他应用

深度学习在涉及应用程序级数据分析的其他应用程序中也扮演着重要的角色。例如,深度学习可以提高手机拍摄照片的质量,通过使用 CNN,可以成功地将不同移动设备获得的图像质量提高到数字单反相机所能达到的水平。深度学习也被用来做无线网络下的视频后处理,该学习框架利用定制的 AlexNet 来回答关于检测视频对象的查询问题。

另一个有趣的应用是深度学习可以帮助 SmartWatch 用户通过消除不必要的通知来减少干扰。具体来说,作者使用 11 层 MLP 来预测通知的重要性。方等人利用 MLP 从高维和非均匀传感器数据中提取特征,包括加速度计、磁强计和陀螺仪测量。他们的架构实现了识别人类移动状态 95% 的准确度,包括静止、步行、跑步、骑自行车和在汽车上。

3. 经验教训

应用程序级数据是异构的,并且是从分布式移动设备生成的,逐渐有向分布式移动设备存储,并进行本地推理过程的趋势。然而,由于计算能力和电池电量的限制,基于边缘的场景中使用的模型被限制为轻量架构,这不太适合复杂的任务。移动数据分析中的深度学习,应仔细考虑模型复杂性和准确性之间的权衡。为了使深度学习算法在嵌入式设备上运行更快,同时具有更低的能耗,需要在移动设备上进行大量的定制深度学习,如模型压缩、修剪和量化等。同时,移动设备制造商也有必要开发新的软件和硬件,以支持基于深度学习的应用程序。

应用程序级别的数据通常包含重要的用户信息,处理这一点会引起严重的隐私问题。尽管已经有了致力于保护用户隐私的努力,但在这个方向上的研究工作是新的,特别是在分布式训练中保护用户信息方面,希望今后在这方面有更多的努力。

6.5.4 流动性分析

了解人类和个人群体的运动模式对于流行病学、城市规划、公共服务提供和移动网络资源管理变得至关重要。从群体和个人的角度来看,深度学习在这一领域越来越受到关注。

6.5.5 用户定位

基于位置的服务和应用(如移动 AR、GPS)需要精确的个人定位技术。因此,对用户本地化的研究正在迅速发展,出现了许多技术。一般来说,用户本地化方法可分为基于设备和无设备。在基于设备的方法中,用户携带的特定设备成为实现应用程序本地化功能的先决条件,用这种类型的方法识别位置依赖于来自设备的信号。相反,不需要设备的方法属于无设备类别,它们使用特殊的设备来监控信号的变化,以便对感兴趣的实体进行定位。在两种模式下深度学习均可以实现高定位精度。

6.5.6 无线传感器网络

无线传感器网络(WSN)由一组分布在特定地理区域的独特或异构传感器组成。这些传感器协同监控物理或环境状态(如温度、压力、运动、污染等),并通过无线通道将收集到的数据传输到中央服务器。无线传感器网络通常涉及三个关键核心任务,即传感、通信和分析。深度学习也越来越受 WSN 应用程序的欢迎。

6.5.7 网络控制

在这一部分中,我们将注意力转向移动网络控制问题。由于强大的函数逼近机制,深度学习在改进传统强化学习和模仿学习方面取得了显著突破。这些进步有潜力解决复杂且以前被认为是难以解决的移动网络控制问题。回想一下,在强化学习中,代理不断地与环境交互,以学习最佳的行为。随着不断的探索和开发,代理人学会了最大化其预期回报。模仿学习遵循一种不同的学习模式,称为"示范学习"。这种学习模式依赖于一个"老师",他告诉代理在训练过程中,在某些观察下应该执行什么操作。经过充分的演示,代理学习了模仿教师行为的策略,因而可以在没有监督的情况下独立操作。例如,一个代理被训练来模仿人类行为(如在游戏、自动驾驶车辆或机器人等应用程序中),而不是通过与环境交互来学习。这是因为在这样的应用中,犯错误容易产生致命的后果。

除了这两种方法之外,基于分析的控制在移动网络中也越来越受到重视。具体来说,该方案使用机器学习模型进行网络数据分析,然后利用结果辅助网络控制。与强化/模仿学习不同,基于分析的控制不会直接输出动作。相反,它提取有用的信息并将其传递给代理,以执行操作。

6.5.8 网络安全

随着无线连接的日益普及,保护用户网络设备和数据以避免受恶意攻击、未经授权访问以及信息泄漏,变得至关重要。网络安全系统通过防火墙、防病毒软件和入侵检测系统(IDS)保护移动设备和用户信息。防火墙是一个访问安全网关,它允许或阻止基于预先定义规则的上行链路和下行链路网络流量。反病毒软件检测并清除计算机病毒和恶意软件。IDS 识别信息系统中未经授权和恶意的活动,以及违反规则的行为。每个系统都有自己的功能来保护网络通信、中央服务器和边缘设备。

现代网络安全系统越来越受益于深度学习,因为它可以使系统自动从经验中学习特征码和模式,并概括为未来的入侵(监督学习);或识别明显不同于常规行为(无监督学习)的模式。这大大减少了识别入侵的预定义规则的工作量。除了保护网络免受攻击,另一方面深度学习也被一些不法分子用来破解用户密码、窃取用户信息等。

6.5.9 信号处理

深度学习在信号处理、MIMO 和调制等方面也越来越受到重视。MIMO 已成为当前无线通信的基本技术,包括蜂窝和 WiFi 网络。通过结合深度学习,MIMO 性能可以根据环境条件进行智能优化。调制识别也在利用深度学习的优势,变得更加精确。

O'shea 等人将深度学习用于物理层设计。他们将一个无监督的深度 AE 结合到一个单用户端到端的 MIMO 系统中,以优化码形和编解码过程,更便于实现在瑞利衰落信道上保持通信。该设计包括一个由 MLP 和一个归一化层组成的发送器,以确保对信号的物理约束得到保证。在经过加性高斯白噪声信道传输后,接收器使用另一个 MLP 对消息进行解码,并选择发生概率最高的消息。该系统可以采用端到端的 SGD 算法进行训练。实验结果表明,声发射系统在信噪比方面优于空时分组码方法约 15 dB。Borgerding 等人提出了利用深度学习从 MIMO 环境中的噪声线性测量中恢复稀疏信号的方法。在压缩随机接入和大规模 MIMO 信道估计的基础上,对该方案进行了评估,与传统算法和 CNN 相比,该方案具有更高的精度。

6.5.10 移动网络中新兴的深度学习应用

在其他移动网络领域,深度学习开辟了新应用如图 6.4 所示,并做以下介绍。

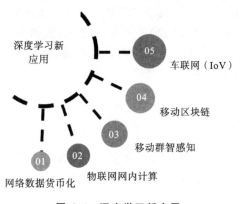

图 6.4   深度学习新应用

1) 网络数据货币化

Gonzalez 等人采用无监督的深度学习,使用名为"Net2Vec"的网络机器学习平台生成实时准确的用户配置文件。具体而言,他们实时分析用户浏览数据并使用产品类别生成用户配置文件。随后,用户配置文件与用户感兴趣的产品结合在一起,最终用于广告的在线推送。

2）物联网网内计算

Kaminski 等人不仅将 IoT 节点视为数据生产者,更视为处理信息的最终消费者。他们将神经网络嵌入物联网部署中,并允许节点协同处理生成的数据。这样可以实现低延时通信,同时从云中卸载数据存储和处理。作者还特地将预先训练的神经网络的每个隐藏单元映射到物联网网络中的节点,并研究导致最小通信开销的最佳投影。他们的框架实现了类似于无线传感器网络中的网络内计算的功能,并为雾计算开辟了一个新的研究方向。

3）移动群智感知（Crowdsensing）

肖等人研究了移动网络环境中群智感知所面临的漏洞问题。他们认为存在恶意移动用户故意向服务器提供虚假感知数据,以节省成本并保护他们的隐私,这反过来又会使移动群智感知系统易受攻击。研究人员将服务器-用户系统建模为 Stackelberg 游戏,其中服务器通过分析每个感知报告的准确性来扮演领导者的角色,负责评估个人的感知工作。用户根据他们的努力评估得到报酬,因此欺骗用户将受到零奖励的惩罚。为了设计最佳支付策略,服务器采用深度 Q 网络,从经验感知报告中获取知识,而无需特定的传感模型。与传统的基于 Q 学习和随机支付策略相比,这种新型的支付策略在感知质量、抵御攻击和服务器效用等方面表现出更优异的性能。

4）移动区块链

大量的计算资源需求和能耗限制了区块链在移动网络环境中的适用性。为了缓解这个问题,Luong 等人将最优拍卖原则用于移动区块链网络中的资源管理。他们设计了一个 MLP,首先对矿工的出价进行单调变换,然后为每个矿工输出分配方案和条件付款规则。研究人员通过运行不同设置的实验,证明了基于深度学习的框架可以为边缘计算服务提供商提供比第二价格拍卖基线更高的利润。

5）车联网（IoV）

Gulati 等人将深度学习的成功延伸到 IoV。作者设计了一种基于深度学习的以内容为中心的数据传播方法,该方法包括对能够进行数据传播的选定车辆进行能量估算,采用维纳过程模型来识别车辆之间稳定可靠的连接,使用 CNN 预测车辆之间的社会关系三个步骤。实验揭示,传播的数据量与社会得分、能量水平和车辆数量正相关,而车辆速度对连接概率有负面影响。

6.6 未来研究视角

随着深度学习在移动网络领域取得越来越有希望的成果,未来仍有几个重要的研究问题需要解决。我们接下来简单讨论这些挑战,并指出可以通过深度学习工具解决的关键移动网络研究问题。

6.6.1 大量高质量数据

深度神经网络依靠大量高质量的数据来实现良好的性能。在训练大型复杂架构时,数据量和质量非常重要,因为更深层次的模型通常需要学习和配置大量参数。移动网络应用程序中仍存在此问题。不幸的是，与计算机视觉和 NLP 等其他研究领域不同，高质量和大规模标记数据集仍然缺乏移动网络应用，因为服务提供者和运营商坚持保护收集的数据机密并且不愿意发布数据集。虽然从用户隐私的角度来看这是有道理的，但在某种程度上它限制了移动网络领域中问题的深度学习机制的发展。此外，传感器和网络设备收集的移动数据经常受到丢失、冗余、错误标记和类别不平衡的影响。为了构建智能 5G 移动网络架构，需要有效且成熟的移动数据处理流水线平台，这需要大量的研究工作来进行数据收集、传输、清理、聚类、转换。移动网络领域的深度学习应用只有在研究人员和行业利益相关者发布更多数据集时才能取得进展，以使各种社区受益。

6.6.2　挖掘时空移动数据

准确分析地理区域内的移动流量数据对于事件定位、网络资源分配、基于情境的广告和城市规划变得越来越重要。然而，由于智能手机用户的移动性，充分理解移动数据流量和应用程序流行度的空间-时间分布存在一定的难度。近年的研究表明，利用移动传感器在城市范围内收集到的数据(例如手机数据流量)，能够为市区监控提供相应城市规模的全景感知系统。这些流量感知图像包含了大量与个人运动相关的信息。

从空间和时间维度的角度来看，我们认识到移动交通数据与视频或语音具有重要的相似性。具体来说，视频和大规模演化移动流量的数量由"帧"序列组成。此外，如果我们放大一个小的覆盖区域来测量长期的流量消耗，我们可以观察到单个流量消耗系列看起来类似于自然语言序列。这些观察结果表明，在某种程度上，用于计算机视觉的成熟工具(如 CNN,NLP(包括 RNN、LSTM))有望用于移动流量分析。

除了这些相似性之外，我们还观察到移动流量的几个属性，使其与图像或语言序列相比具有独特性。

(1) 细粒度交通快照中相邻像素的值通常没有显著差异，而这经常发生在自然图像的边缘。

(2) 单个移动流量系列通常表现出一些周期性(每天和每周)，但这不是视频像素中能看到的特征。

(3) 由于用户移动性，在不久的将来，流量消耗更可能停留或转移到相邻小区，这在视频中也不太可能被看到。

移动流量中的这种时空相关性可以被用作模型设计的先验知识。我们认识到采用深度学习进行移动流量数据挖掘的几个独特优势。

(1) CNN 结构在成像应用中运行良好，因此也可以提供移动流量分析服务。

(2) LSTM 捕获时间序列数据中的时间相关性，如自然语言，因此这种结构也可以适应交通预测问题。

(3) GPU 计算实现了神经网络的快速训练，并且与并行化技术一起可以通过深度学习工具支持低延时移动流量分析。

从本质上讲，我们期望为移动网络量身定制的深度学习工具，能克服传统回归和插值工具的局限性(如指数平滑)，类似 ARIMA 或按照平均插值等常用于运营网络的传统工具。

6.6.3 几何移动数据挖掘的深度学习

如前所述,某些移动数据具有重要的几何特性,如移动用户或基站的位置以及所携带的数据可被视为 2D 平面中的点云,如果还添加了时间维度,则这形成 3D 点云表示,具有固定或变化的位置。此外,移动设备、路由器、基站、网关等的连接可以自然地构建有向图,其中实体表示为顶点,它们之间的链接可以看作边,数据流可以指向这些边缘。由于这种表示的固有复杂性,传统的 ML 工具通常很难解释几何数据并做出可靠的推理。

相比之下,针对几何数据建模的深度学习工具箱尽管已经有很多,但尚未在移动网络中广泛使用。例如,PointNet 及其延续版本 PointNet＋＋是第一个采用了基于深度学习的 3D 点云应用解决方案的系统,包括 3D 点云分类和分割模型。类似的想法可以应用于几何移动数据分析,例如移动用户或基站的聚类,或用户轨迹预测。此外,图形数据分析的深度学习也在迅速发展。这是由对图谱 CNN 的研究引发的,它将卷积概念引入图形结构数据。Graph CNN 的适用性可以进一步扩展到时域,一种可能的应用是预测各个基站级别的未来流量需求。我们希望这种新颖的架构能在网络图分析和应用中发挥越来越重要的作用,例如通过移动网络图进行异常检测。

6.6.4 移动网络中的深度无监督学习

当前移动网络中的深度学习实践主要采用监督学习和强化学习。然而,由于移动网络每天都会产生大量未标记的数据,因此数据标签成本高昂且需要特定领域的知识。为了便于分析原始移动网络数据,提高无监督学习对于从未标记数据中提取数据的洞察力变得至关重要,从而优化移动网络功能以提高 QoE。

包括 AE、REM 和 GAN 在内的一系列无监督深度学习工具的潜力还有待进一步探索。通常,这些模型无需特征工程,因此有望从异构和非结构化移动数据中自主学习。如深度 AE 适用于无监督异常检测;在样本数量较少时,RBM 仍可以执行分层无监督预训练,以加速整体模型训练过程;GAN 擅长模仿数据分布,因此可以用来模仿真实的移动网络环境。近年的研究表明,GAN 甚至可以通过制作自定义加密算法来保护通信,以避免窃听。所有这些工具都需要进一步研究,以充分发挥其在移动网络领域的潜力。

6.6.5 移动网络控制的深度强化学习

许多移动网络控制问题已通过约束优化、动态规划和博弈论方法得到解决。但是这些方法要么对目标函数(如函数凸性)或数据分布(如高斯或泊松分布)做出过强的假设,要么受到高时间和空间复杂性的限制。随着移动网络变得越来越复杂,这种假设有时变得不切实际。目标函数还受到越来越大的变量集的影响,这些变量对现有的数学方法构成严重的计算和存储挑战。

相比之下,深层强化学习并没有对目标系统做出过强假设。它采用函数逼近方法,明确解决了大型状态动作空间的问题,使强化学习能够扩展到以前认为很难的网络控制问题。受到 Atari 游戏取得显著成就的启发,许多研究人员开始探索用 DRL 来解决复杂的网络控制问题。然而,这些工作尚在表面,DRL 解决移动网络控制问题的潜力仍然在很大程度上未被探索。例如,由于 DeepMind 训练 DRL 代理以使谷歌的数据中心冷却,因此可以利用双重驱动器来从蜂窝网络中提取丰富的功能,并实现智能开/关基站的切换,从而减少基础设施的能源占用空间。这些令人兴奋的应用使我们相信,尚未出现的 DRL 的进步可以彻底改变未来移动网络的自主控制。

6.7 小结

深度学习在移动和无线网络领域发挥着越来越重要的作用。在本章中,我们对深度学习和移动网络之间的交叉与融合进行了全面而深入的文献整理,总结了各种深度学习模型的基本概念和计算原理,阐述了在不同应用场景下深度学习驱动的移动网络能够达成的特定工作和效果。此外,我们也讨论了如何针对一般移动网络应用定制深度学习模型,总结了待研究的问题和未来可能的发展方向,为对机器智能应用于移动网络环境中的复杂问题感兴趣的研究人员提供一定的帮助。

6.8 习题

(1) 研究如何将深度学习嵌入到 5G 移动和无线网络中的意义何在?

(2) 为什么说传统的机器学习工具,如浅层的神经网络,不能有效分析 5G 移动网络中收集来的数据?

(3) 深度学习中的"深层"指的是什么? 深度学习相对传统机器学习的主要优点是什么?

(4) 人工智能、机器学习和深度学习之间的关系是怎样的?

(5) 深度学习的基本原则是什么? 什么是神经网络中的"层"? 为什么说神经网络架构,类似于大脑中的感知过程?

(6) 深度学习的哪些特点限制了其在解决移动网络问题这一领域的适用性?

(7) 为什么 GPU 相比 CPU 更适用并行计算? 它的优势有哪些?

(8) 采用分布式方式来部署深度学习将引入哪些系统级问题?

(9) 在众多的深度学习库中,有哪些较为适合在移动网络或者移动设备中使用?

(10) 为什么传统的 SGD 算法不适合在低延时应用中使用? 优化算法为了提高 SGD 算法的收敛速度都做了哪些操作?

(11) 什么是雾计算? 在移动网络中,雾计算是在哪些设备中执行的?

(12) 举例说明移动设备中实现雾计算的硬件方案。

(13) 举例说明移动设备中实现雾计算的软件方案。

(14) 机器学习可以分为哪三类?

(15) 简述多层感知器 MLP 是如何在移动网络中应用的。

(16) 简述可变自动编码器(variational auto-encoder,VAE)的构成及工作方式。

(17) 简述 RBM 和 AE 在学习过程中的不同。

(18) 简述复发神经网络 RNN 在移动网络中的应用。

(19) 简述生成对抗网络 GAN 的结构和运行原理。尝试解释为什么 GAN 在完成缺少适当数据集的任务中非常重要。

（20）简述深度强化学习 DRL 的运行特点和优势。思考 DRL 适用于移动网络中的哪些场景和应用。

（21）应用程序级数据指的是什么类型的数据，用途有哪些？使用应用程序级数据应该注意哪些问题？深度学习对处理应用程序级数据有哪些优点？

（22）简述深度学习在移动健康方面的应用范例。

（23）为什么说高级深度学习相比传统的机器学习更加适合分析应用级移动数据？

（24）现阶段应用级移动数据分析的两种方法是什么？他们的工作原理是怎么样的？他们各自的优缺点是怎样的？

（25）举出 2～3 个深度学习方法在活动识别方面应用的例子。

（26）为什么移动数据分析中的深度学习需要考虑模型复杂性和准确性之间的权衡？

（27）简述什么是示范学习。在什么样的应用场景中需要用示范学习？

（28）简述深度学习是如何用于移动网络中的信号处理的。

（29）简述深度学习是如何用于移动区块链和车联网的。

（30）采用何种深度学习方法较适用于挖掘时空移动数据？

（31）简述深度学习方法在分析移动流量数据的时空相关性上的优势。

（32）为什么说深度学习有望解决移动网络问题？

（33）与移动和无线网络相关的尖端深度学习模型是什么？

（34）移动网络领域最成功的深度学习应用是什么？

（35）研究人员如何根据具体的移动网络问题量身定制深度学习？

（36）对于将深度学习嵌入到 5G 移动和无线网络中，哪些是值得进一步研究的最重要和最有希望的方向？

（37）采用深度学习来解决移动和无线网络问题的优势有哪些？

7

5G 赋能产业

5G 移动通信技术和网络具有 4G 无可比拟的优势,但是如果没有 5G 自身独特的应用,没有设备制造、网络运营、金融商务的整体促成的"5G＋"实体用例,5G 仍难以全面取代 4G,成为支撑社会经济快速发展的动力。我国政府以及相关的部委很早就提出了建设 5G 不仅仅是通信设备制造商的责任,同样也是运营商乃至商界和学界的共同责任。

2019 年 1 月,我国工信部部长苗圩在接受央视新闻频道采访时就表示,"5G 不但要用起来,而且还要用好"。"把 5G 用好"就是要解决垂直应用的跨界融合难题,通过典型的应用,甚至是不可替代的应用,进一步深度拉动 5G 产业的快速发展,是现阶段 5G 发展初期最为重要的工作。

5G 的多应用场景已经在技术层面给予了稳固的支撑。具体而言,基于 3GPP R15 标准的 5G 网络,不仅满足 eMBB 场景的业务需求,而且其架构的灵活性和优化设计,可满足面向垂直行业的多样性的业务需求,即可以满足端到端延时要求必须小于(或等于)10ms 的垂直行业的业务需求。尤其从长远看来,在与云计算、大数据、人工智能、区块链等技术融合应用后,5G 有望孵化出新应用、催生新业态、变革商业模式。5G 产业生态链可存在于多个领域,例如车联网、智能制造、智慧教育、智慧电网、智慧旅游等领域,这些生态链可以围绕多个 5G 创新应用,如车载互联网、沉浸式 VR 全景直播、AR 虚拟视觉、智能制造、AGV 无人巡视、远程教育、智能医疗、智能旅行和智能安防等。实现创新应用、构建生态链,需要设备制造商、运营商乃至金融业和产业界的联合布局与深耕。

本章里我们将详细介绍 5G 的生态系统,介绍 5G 是如何与其他领域相结合的,结合以后具有什么样的特殊性能,才能形成必须由 5G 支撑的、不可替代的功能。只有认真了解这些垂直、落地的应用范例,我们才能找到规律,才能有的放矢地推广 5G 的应用,使得真正需要 5G 的用户数量在短期内得到较快的增加。

7.1 "5G＋商业楼宇"

在房地产行业看来,5G 作为无线通信新技术,能够从根本上改变工作和生活的环境,它完全可以作为一个新的基础设施,嵌入到即将建造的建筑中去。2019 年 1 月 29 日,中国电信与 SOHO 中国"5G 战略合作"签约仪式在京举行。双方同意共同为 SO-

HO 中国北京建设用户提供 5G 网络覆盖和高质量的网络服务保障,共同推动 5G 业务应用和产业合作。"5G＋商业楼宇"之间的合作,将在基于网络高速应用的环境下为楼宇内的广大商户提供 5G 应用场景和服务。当前行业的数字化正在改变行业,5G 数字智能建筑将在虚拟办公、远程办公、虚拟现实和室内导航等方面发挥更大的作用,有更多的想象空间。

房地产企业所辖的楼宇工程能够为移动运营商提供管道桥梁安装、机房空间、施工辅助以及电力支持和其他通信设施等必要条件。移动运营公司则可以充分发挥其作为通信运营商的优势,在相应的楼盘内提供 5G 网络的覆盖部署,以及全部光纤到户的高速网络,通过提供 5G 通信和各种综合信息服务,从而为楼宇用户带来更快的网速体验和更大的网络容量。对于企业客户而言,"5G＋商业楼宇"通过 5G 移动网络覆盖和光缆宽带资源接入的结合,能够以优惠的价格为其提供优质的高速无线宽带、专线通信服务、通信服务集成服务和云计算服务等。房地产开发商与电信运营商之间在 5G 和信息化领域的深化合作,将持续提升未来建筑业的数字化、信息化、智能化水平,形成 5G 稳固的市场基础。

7.2 "5G＋能源"

2019 年早期,国家电网公司发布了 2019 年的 9 大重点工作任务,其中的第 4 大任务是"加快建设泛在电力物联网,开展顶层设计,加强基础设施建设,拓展功能应用"。2019 年的国网 1 号文件明确提出"加快建设世界一流能源互联网企业",其中的第一大重点工作"推动电网与互联网深度融合,着力构建能源互联网"中强调:充分应用移动互联、人工智能等现代信息技术和先进的通信技术实现电力系统各个环节万物互联、人机交互,打造状态全面感知、信息高效处理、应用便捷灵活的泛在电力物联网,为电网安全经济运行、提高经营绩效、改善服务质量以及培育发展战略性新兴产业,提供强有力的数据资源支撑。

随着新能源、分布式发电、储能、用户微网、充电桩等新的能源生产方式和消费模式的不断涌现,能源行业正在逐步向绿色、低碳、高效和能源互联共享的方向发展。这对作为基础支撑的智能电网提出了更高的要求,"建设全业务泛在电力物联网"成为实现这一切的关键。

早在 2018 年 9 月,工业和信息化部发布工信部无[2018]165 号文件,明确电力部门可优先申请 230 MHz 上的 7 MHz 频率用于聚合使用。2018 年 1 月 14 日,工信部表示将继续大力支持电力行业发展,积极推进 230 MHz 频段频率使用许可工作。2019 年 1 月 4 日,在浙江省海盐县开展 230 MHz 电力无线专网专题调研时,工信部党组成员、总工张峰提出,积极推动不同地域、不同业务、不同系统的基站及终端互联互通,促进 230 MHz 频段专网产业的快速成熟和发展。2019 年 5 月,国家发改委和财政部共同发文,降低了 223～235 MHz 频段电力等行业采用载波聚合的基站频率占用费标准,占用费由按每频点(25 kHz)每基站征收改为按每 MHz 每基站征收。这些措施有力地促进了电力系统在基于 5G 的物联网上的布局,预计将形成一个典型的国家范围内的 5G 物联网应用范例。这对于物联网的建造、管理、收费等政策的制定具有非常重要的先行先试的意义。

7.3 "5G＋医疗"

2019 年 1 月,苏州康多机器人有限公司、福建医科大学孟超肝胆医院、华为和中国联通福建分公司,在中国联通东南亚研究所(福建)开展全球首款 5G 远程操作的动物实验。外科手术操作端被放置在中国联通有限公司,通过 5G 技术手术信号传输给 50 km 外的孟超肝胆外科医院,进行实时的动物(一只小猪)远程遥控肝切除术。手术于当天下午 6 点在长乐滨海新城的中国联通东南研究院一楼展厅开始,外科医生使用实时高清晰度视频图像,在同一时间操作距离 50 km 的手术用钳和电刀。为了容易沟通交流,房间通过音频和视频连接。内窥镜沿着导管进入腹腔,并在巨大的屏幕上显示。另一个屏幕则显示手术台上的"患者"和助手的实时视频。在不到 10 min 的时间内,外科医生成功取出一小片肝小叶并清洁伤口,整个过程中没有丝毫血迹。30 min 后,在 50 km 外福建孟超肝胆医院手术帐篷里的"患者"小猪从麻醉中渐渐苏醒,此次远程手术取得成功。术后,实验动物的生命体征平稳。

远程手术最大的问题是实时信号互连,此操作利用华为 5G 网络技术的优势,实现高带宽、低延时和高连接性,很好地实现了目标。远程操控手术机器人两端的控制链路、2 路视频链路全部承载在 5G 网络下。

据介绍,远程操控机器所处的联通东南研究院一楼厅位于 5G 天线正下方,处在俗称"塔下黑"的弱覆盖区,凭借微弱的边缘信号,就实现了手术实时控制和视频同步需要的高速率和低延时。"基于 5G 网络控制经验、高清视频达到了和光纤专线一致的体验",来自中国人民解放军总医院肝胆胰肿瘤外科的主刀医生刘荣如此评价。作为团队领导者,刘医生利用腹腔机器人执行过 1000 多次操作,这种评估非常具有权威性。与此同时,作为产业应用的需要者,来自福建医科大学孟超肝胆医院的刘景丰医生表示,远程手术需要更高的无线通信延时、带宽、可靠性和安保性要求,今天的手术很好地说明 5G 技术运用在远程医疗上是完全可行的。

这次 5G 网络的远程手术具有三个特性:一是所有网络设备及医疗设备都在中国开发和制造;二是实现了腹腔镜下手术的远程实时和高可靠性;三是实现了手术多设备数据的协同、云端存储、大流量远程调用传输与实时获取。

通过开发 5G 应用,5G 网络可以通过精确的控制与高清视频同步通信,从而为医生远程手术提供便利。"5G＋医疗",具体而言即全力打造数字医联网的服务平台,降低医疗资源成本,提高偏远地区医疗资源的可用性,缓解医疗资源分布不均的现状,让更多人享受到更高层次的健康保健服务,进而促进"互联网＋远程医疗"的有效落地,对构建完整的 5G 产业具有非常重要的意义。

7.4 "5G＋交通"

5G 与交通方面的结合广泛体现在 5G 与各种出行方式的融合中。在本节中,我们对现阶段 5G 在空中、地面等不同场景下与不同类型的交通工具相结合的现状做概述,并讨论相关领域所面临的挑战。

5G 用在飞机里,最早是在 2018 年 12 月。在山东东营胜利机场,由中国商飞、中国移动等单位联合发起的"国产大飞机接入互联网项目"首飞成功。本次试验飞行由中国商飞支线客机 ARJ21-700 飞机 103 号机搭载国产 ATG(air to ground)地空网络通信系统进行,该通信系统采用了 4G/5G 移动通信技术。此次试验飞行顺利完成了各项网络、业务测试,取得圆满成功。

中国移动沿航线部署对空覆盖基站,搭建 ATG 地空宽带通信网络,实现地面网络与万米高空的民航客机的空中宽带数据通信。该系统包括一个飞行中的 ATG 系统、一个地面 ATG 基站和一个 ATG 地面核心网络。系统解决了 ATG 网络接入中所面临的信号对空覆盖、高速飞行多普勒频移补偿、飞机越区飞行信号切换等多项技术难题。本次试飞机上系统空中运行约 17 小时,完成了不同高度(3000 米到 10000 米)的信号覆盖和快速小区切换、视频会议的实时传输、遥测试数据、VoLTE 高清语音和视频呼叫、互联网宽带接入等大带宽应用和业务测试。值得一提的是,中国商飞首次利用 ATG 技术实现了试飞遥测数据网络化实时双向传输,对试飞遥测数据进行实时修改和配置,该技术在未来飞机的试飞工作中具有广阔的应用前景。

本次试飞证明:基于 4G/5G 技术的 ATG 系统具有大带宽、低延时、低成本等优势,同时具备设备更换方便、适用范围广、核心网络接入方便、功耗低、网络管理方便、地面支持方便、升级和优化方便等优势,保障了飞行安全、飞行操作、客运服务、飞行监控和飞行支持培训等航空应用。在国内航线环境下,ATG 方案相较于当前使用的卫星方案在各方面都有较大优势。

在地面交通中,5G 的一个典型应用是智能网联驱动下的自动驾驶。"5G+自动驾驶"不仅是产业界的关注热点,同时也是国家战略层面的规划与关注重点。2019 年 1 月 21 日,习近平总书记在中共中央党校"省部级主要领导干部坚持底线思维着力防范化解重大风险专题研讨班"开班仪式上强调"科技领域安全是国家安全的重要组成部分",要围绕六个领域加快推进相关立法工作,这六个领域中就包括了"自动驾驶"。可见,加快"自动驾驶"立法,保证科技领域安全是极其重要的事情。加快"自动驾驶"立法,就是要加快"自动驾驶"发展,这极有利于推动车联网(LTE-V2X、5G-V2X)甚至 5G 技术与产业的进一步发展。在国内,自动驾驶技术采取"智能化"加"网联化"的战略发展路径,即"智能网联汽车",制定了辅助驾驶、部分自动驾驶、有条件自动驾驶、高度自动驾驶、完全自动驾驶这五大发展阶段。

截至 2019 年初,我国主流汽车制造企业已经全面迈入自动驾驶技术发展阶段,百度、腾讯等互联网巨头企业纷纷在自动驾驶方面发力,三大运营商以及移动通信产业链巨头大唐等企业大力发展 LTE-V2X、5G-V2X 等高速率且低延时的通信技术,可将车辆的感知范围扩展到车载传感器的工作范围之外,为自动驾驶提供网络支撑,实现安全高带宽业务应用和自动驾驶。

由此可见,新一代网联式自动驾驶,将成为未来自动驾驶的重要发展方向。而网联式自动驾驶,就是基于 LTE-V2X、5G-V2X 这些蜂窝车联网技术的自动驾驶。比如,"单车"自动驾驶主要基于雷达、摄像头等,存在成本相当高、通信距离有限、在恶劣天气下不能工作等问题,而基于 LTE-V2X、5G-V2X 技术的网联式自动驾驶,就不存在这些问题,可以为自动驾驶提供更加稳定、高速、低延时和高可靠的通信服务,提高驾驶的安全性。中国的网络连接自动驾驶标志着中央和地方政府、汽车工厂、互联网、技术企业、电信企业的协调联动开发。

　　互联网连接的自动驾驶,也已经成为全球各主要国家的竞争热点。中国信息通信科技集团副总经理、无线移动通信国家重点实验室主任陈山枝博士介绍,车联网是 5G 和汽车领域最具潜力的应用,亚洲、欧洲、美洲各国家和地区政府均将车联网产业作为战略制高点,目前我国已将车联网产业上升到国家战略高度,产业政策持续利好。

　　2019 年 1 月 10 日,工信部部长苗圩在接受央视记者专访时表示:"今年,国家将在若干个城市发放 5G 临时牌照,这里面特别值得一提的就是'车联网',要构建起一个'车—路—人'互相连通的大的车联网体系。"这表明,C-V2X 车联网将有望在 2019～2020 年得到规模商用,助力低级别的自动驾驶的实现。

　　另一方面,腾讯公司认为我国的网联式自动驾驶与全球同时起步,拥有显著的市场规模、网络基础和产业创新等战略优势,处于难得的历史机遇期,需要通过自动驾驶的发展,进一步加速提高我国自主技术的研发能力和自动驾驶产业的发展水平。

　　那么,如何进一步加快? 如何提升? 广汽集团董事长曾庆洪认为,要从国家层面为加快自动驾驶汽车产业化奠定法律基础。当前,世界领先的汽车动力正在逐步重新定义法规,以帮助推动道路测试和自动驾驶。美国在 2017 年通过了《自动驾驶法案》,并鼓励汽车厂商试验和开发。德国修订了现行的道路交通法,并引入了世界上第一部《自动驾驶道德准则》。曾庆洪进一步指出,与美国、德国等国家相比,中国的自动驾驶汽车法律进展缓慢,国家层面的法律、行政法规尚未制定。关于自动驾驶汽车的专门规定多为部门规范性文件,当与国家法律、行政法规存在出入时,对推动自动驾驶汽车发展的法制保障力度较弱;虽然我国有关自动驾驶汽车管理的法律、法规、标准正在加紧制定的过程中,但自动驾驶汽车测试无法等待所有法规修订完毕再进行开展,并且标准的制定和法规的完善也需要以试验甚至应用活动所获取的数据及案例为依据和基础,这就带来了新的矛盾。

　　曾庆洪建议,加强自动驾驶汽车相关立法,在确保安全的前提下,通过立法机关授权试点或制定暂行条例等方式,加快制定自动驾驶汽车测试专项法规,保障相关测试合法进行;研讨新的管理制度,界定自动驾驶汽车相关主体责任,探索建立自动驾驶汽车专用保险制度。

　　腾讯公司也认为,面对汽车产业发展的机遇和课题,要改进法令,构筑相辅相成的机制,促进中国汽车产业的生态学创新和发展。具体应该在哪些方面进行立法,腾讯公司曹堃堃详细解析如下。

　　(1) 适时制订、修订和完善路测法规,加快政策更迭。

　　稳中有为,既为新生事物成长留足空间,又切实把握好测试安全的基本要求,切实推进自动驾驶路测进程。在国家层面,需要从路测标准、市场准入、地图测绘、保险责任等方面构建起全面完善的法律体系,适时制订、修订相关法律法规。加强国家与地方之间的协同,推动各地之间对测试结果的互相认证,统一、规范测试认证的流程。在地方层面,各地需要对现有的路测管理规定及时进行评估,针对问题适时更迭相关政策。要简化测试申请和延期流程,降低企业的测试成本。

　　通过开放更多的测试道路、增加测试场景以及延长测试时间段,解决场景单一的问题。鼓励虚拟仿真与实际道路测试相结合的测试手段,提升测试的全面性。

　　(2) 加强对测试主体的安全监管,提升道路基础设施水平,保障自动驾驶路测安全。

加强在准入与路测环节的安全审查与监管。在准入阶段,要求第三方机构对测试主体与车辆进行评估和测试,对测试安全员的酒驾毒驾历史、驾驶等级、有无过往犯罪记录、驾驶操作经验以及应急处理能力等提出硬性要求。在路测阶段,要加强安全管理,强化数据上报,建立场景数据库。规范道路基础设施建设,提升智能化水平。推动构建开放道路测试区域道路建设标准规范,对测试区域的交通信号灯、信号基站(包括车联网 LTE-V2X 的基站即 LTE 基站,以及 5G 基站)等进行统一规范,构建形成面向自动驾驶产业的集感知、通信、计算等能力于一体的道路基础设施。同时提高测试路段各类交通标识、提醒标志的识别率,加强对行人的重点警示,以保障行人和社会车辆等其他交通活动参与方的安全。

另外,中国通信学会在 2018 年年底重磅发布的《车联网技术、标准与产业发展态势前沿报告(2018 年)》也指出,要重视车联网信息安全保护,制定监管制度:尽快构建主动安全控制与信息安全协同的安全防护体系,加强数据安全性和用户个人信息保护管理,规范数据有序开放共享,积极探索适应智能网联汽车出行需要的车辆监管制度和标准规范。加强智能网联汽车交通事故分析判定机制研究,形成智能网联汽车交通事故认定机制。发挥行业组织和第三方机构作用,支持开展智能网联汽车验证检测、信用保险等服务试点。

综上所述,我国的“网联式”自动驾驶,以及 LTE-V2X、5G-V2X 技术与产业的发展,在通过完善路测管理、制定国家层面的政策法规之后,必将得到进一步的促进。

“5G+交通”的重要应用还体现在安全方面。随着人工智能、大数据的蓬勃发展,智能驾驶逐渐从梦想变成现实。实现智能驾驶的前提条件是安全,需要车辆对周围环境的准确感知,需要车辆与周围车辆以及路旁设施设备保持高可靠度的连接,同时为了满足智能驾驶决策的实时性要求,通信延时应当足够车辆接收信息进行判断并做出反应后不会导致危险侧的事件发生,这对通信技术的延时有很高的要求,也成为“5G+交通”重点解决的问题之一。

随着“5G+交通”在智能驾驶、车地协同、智慧城市等应用中的支撑作用愈发重要,需要在车辆上、路旁设备上安装 5G 基站。这些基站可以是运营商的公共 5G 基站,或者是交通管理部门架设的专用基站,使用公用基站还是专用基站,甚至是不通过基站而直接采用 D2D(Device to Device)传输,需要根据信息传输业务的需求来选择。对于安全性实时性要求较高的业务可以选择专用基站,对于重要性较低的数据可以结合使用公用基站传输。而车辆之间、车地之间一些关键信息,为保证实时性,可能需要进行D2D 的直接传输。在 5G 基础设施的建设上,道路建设管理部门可以选择与通信运营商合作,为智慧交通留出专用的信道,或者通过设计智慧交通各项业务的通信流程,使其能够适应公用的 5G 通信服务。在专用 5G 基础设施建设上,也可以选择政府和社会资本合作(Public-Private Partnership,PPP)模式,政府将 5G 智能交通的通信服务外包给私人组织,由私人组织修建、运营并提供公共服务。PPP 模式能够减少政府的短期投入、分摊风险,比较适合 5G 专用网的建设情况。专用 5G 网络的建设需要私人组织对项目具有充分的信任,5G 交通网络需要有充分的可行性,也应当具有一定的获利前景。这取决于智能驾驶、车路协同、智慧城市等项目的标准制定和政策导向。

在轨道交通领域,因为基于通信的列车自动控制系统(CBTC)是目前主要使用的城市轨道交通列车控制系统。尽管 CBTC 系统中已经应用了 WLAN、波导管等通信技术,但 5G 作为新型通信手段,在 CBTC 系统中采用同样具有一定的可行性。另外,考虑到城市轨道交通的建设项目较为独立,相比于铁路硬件系统建设而言体量较小,更容易接受 5G 建设带来的成本。而我国铁路网分布广泛,体量巨大,不可能在短时间内完成通信系统的更新换代,更新过程也需要考虑到全路网通信系统兼容的问题。据了解,现阶段基于 5G 通信的列车控制系统的研究尚未大规模展开,所以 5G 通信在铁路控制领域的推广可能还需要一段时间,铁路 5G 通信的推广可能也是由铁路主管部门进行方案设计、推广与运营。

7.5 "5G＋视频"

通过加速 5G 技术标准和全球 5G 预商用测试的深入开发,5G 将更为广泛地应用在未来的工作与生活中。其大连接、低延时、高速率等特性,以及云化、切片化的网络形态,为 8K 和 VR 等超高清视频提供了强大的综合网络解决方案。接下来,我们简单了解一下基于 5G 网络的视频服务内容,了解"5G＋视频"行业的现状,描述"5G＋视频"的应用通过 8K 视频直播和云 VR 等典型应用进行的演示,并对行业前景进行初步的预计。

7.5.1　5G 网络视频业务承载分析

5G 网络视频服务包括超高清视频服务和虚拟现实(VR)。在 5G 环境中,视频服务将取得新进展,在移动性、改善用户体验和性能视频应用上,必然会进一步推动广泛的 5G 技术开发和创新。

首先,我们来了解什么是"超高清视频"服务。简而言之,超高清视频带来一种更清楚的视觉体验。全高清视频每帧 200 万像素,4K 视频每帧 800 万像素,8K 视频每帧约 3200 万像素。高帧率(HFR)、高动态范围(HDR)、宽色域(WCG)和其他视频技术支持 120 帧每秒(fps)的传输速率,每帧允许 8K 的视频,都具有大量的像素。不同类型技术的使用都可以为用户提供身临其境的沉浸式视频体验。

8K 视频最高带宽要求 135 Mbit/s,入门级 4K 视频最低带宽要求 18～24 Mbit/s。承载网端到端 4K 超高清视频的总体要求是:端到端带宽超过 50 Mbit/s,往返延时(RTT)小于 20 ms,丢包率(PLR)小于 10^{-5}(实践中可通过端云优化稍微降低对网络的要求)。国际电信联盟(ITU)发布的 5G 网络需要达到的部分性能参数如下,下行峰值数据速率为 20 Gbit/s,上行峰值数据速率为 10 Gbit/s,下行峰值频谱效率为 30 bit/s/Hz,上行峰值频谱效率为 15 bit/s/Hz,下行用户体验数据速率为 100 Mbit/s,上行用户体验数据速率为 50 Mbit/s。5G 网络的理论网络延时大大降低,端到端延时达到毫秒级,空口延时仅为 1 ms,远远低于 4G 网络的空口延时 10 ms。而根据 3GPP 的标准规范 TR22.863,5G 移动网络 eMBB 的用户体验下行速率为 1 Gbit/s,上行速率为 500 Mbit/s。由此可见,理论上,5G 网络在 4 K 或 8 K 超高清视频上具有出色的数据传输能力。

5G 技术的应用将带来超高清视频点播/直播、视频通话、视频会议和远程安防监控等领域的飞速发展和用户体验质的飞跃。对于这些典型应用,具体的预测概述如下:

(1)超高清游戏:移动视频将由标清走向高清与超高清。高清、超高清游戏将普及,云与端的融合架构成为常态。

(2)远程超高清直播:可以支持大型赛事直播、大型演出直播、重要事件直播、视频会议等,且体验更佳,超高清视频直播会让用户身临其境。

(3)视频监控:超高清视频监控将突破有线网络无法到达或者布线成本过高的限制,轻松部署在任意地点,成本更低,5G 时代的无线视频监控将成为有线监控的重要补充而被广泛使用。

(4)远程超高清医疗:采用 5G 网络传输超高清视频在医疗领域也将造福患者,有助于医疗专家远程掌握患者的情况,提前准备手术方案和手术器材,实现手术室/多媒体室及远程会场互联互通,实现手术过程、医疗专业能力教学、远程会诊等应用。

其次,"5G+"将再次扩展 VR 的消费市场。5G 技术的发展有助于 VR 产业的发展。运营商实施 VR 视频业务后,带宽要求 0.3~1.2 Gbit/s,最大值超过 3 Gbit/s。弱交互式 VR 需要 20 ms 图像和声音传输的最大工作延时,以同步音频和视频;强交互式 VR 需要从运动到图像/声音的传输最大延时为 5 ms,应用程序 5G 技术解决了云 VR 面临的问题,并迎来了新的发展机遇。

具体而言,5G 技术是在如下几个方面对 VR 进行了强有力的支撑。

(1)5G 多接入边缘计算(Multi-access Edge Computing,MEC)技术可以有效解决云渲染、渲染延时问题,同时云 VR 无需大规模重复建设云渲染资源,大大降低了成本。

(2)5G 自身大带宽、低延时的特性,满足云 VR 的要求,同时利用网络切片技术,可充分保障用户体验。

(3)5G 可以解决野外、航拍直播等移动 VR 场景下的网络需求。

"5G+视频"在 VR 的应用情景将变得更加广泛。除了虚拟现实游戏、虚拟社交娱乐和其他娱乐场景,"5G+VR"还用于教育(沉浸式教育,距离教育)、房地产(样板房,装修)、医疗(远程诊断,康复)和建模。此外,VR 的创收盈利模式也呈现多样化发展的趋势。云计算应用程序已经彻底改变了现有 VR 业务的应用程序类型,从重型资产到轻量级应用程序。最终用户可以购买随需应变的 VR 服务,VR 产业的门槛将低于手机制造商,也低于网络提供商、内容提供商和应用程序开发商。

7.5.2 "5G+视频"行业现状

我们从运营商、设备制造商的角度来简要介绍一下"5G+视频"的基本布局情况。

首先,国内外移动通信运营商已经尝试开展了实验性商用"5G+视频"的联合开发,还与内容提供商和设备制造商合作促进行业发展。例如,中国移动的"5G+8K"和"5G+VR"通过了预测试,移动与其合作伙伴于 2017 年 11 月就推出了基于 5G 边缘网络架构的 Cloud-VR 解决方案,并于 2018 年 8 月与中国国际电视总公司达成了六个关键领域的战略合作,包括渠道建设和内容交付。中国电信也于 2018 年 5 月 17 日与东方明珠、百事通、富士康成立了"5G+8K"产业联盟,该联盟发布了 8K 视频应用平台,并于 2018 年 6 月在 MWCS 会议上,展示了 8K 视频在 5G 情景下的播放。

美国运营商 AT&T 于 2018 年 2 月,在达拉斯、韦科和亚特兰大三大城市首次推出 5G 网络,2018 年 6 月成功演示了多个 5G 用例,包括沉浸式媒体和大型联盟手游等。德国电信在柏林推出 5G 服务,利用高性能 5G 网络,进一步提升了 VR/AR 应用的性能,通过 5G NR 将超高清视频流实时转换到 VR 设备。日本 NTT DoCoMo 于 2018 年

6月开发了"8K＋VR",并利用基于现场的 FPGA 处理和图像分割技术发布了"8K＋VR"实时广播系统 5G 网络。

在"8K＋VR"的产业链上,设备制造商也正在积极开发标准和产品应用。如华为公司,从视频对个人家庭、企业各方面的影响和渗透入手,聚焦超高清视频、社交媒体视频、移动视频普及、VR/AR 应用发展、5G 和光纤接入(Fiber To The x,FTTx)网络渗透、IT 技术发展(云计算、大数据等)。中兴通讯推出了 MEC CDNJCN/CCN 基于新视频服务的全新端到端新网络架构解决方案,超高清 8K、VR、AR 和 MR 终端解决方案和边缘计算技术,云顶盒解决方案和 AI 手机广告五大关键技术。诺基亚公司之前停止了开发 VR 相机 OZO,最近发布的 VR 耳机已经完成了 3GPP 标准 5G 空中接口的最新匹配。日本 NHK 电视台则以内容为起点,宣称将获得领导日本 8K 行业的能力,并参与 8K 测试和验证。京东方公司与运营商合作推广 8K 产品,与国内面板制造商生产 8K 尺寸面板,促进"8425"8K 广告、4K 传输、2K 替代、5G 使用的战略。而夏普公司从内容制作的角度推出了第一台 8K 商用电视、第一台 8K 相机。

7.5.3 "5G＋视频"的典型用例

接下来,我们从技术需求的角度,重点描述"8K 直播视频"和"云 VR"两项主要应用。

1. 8K 直播视频

"8K 直播视频"技术发展背后的驱动力是"更大、更清晰"。随着视频技术的不断发展,分辨率从 480P 增加到 1080P;当 4K 电视不能完全统治世界时,8K 直播就开始了。8K 视频技术的复杂度远远超过 4K,每帧需要处理大约 33 兆数据像素,由此生成的大量数据处理是困难的。而当前的视频处理系统包括实时信号传输都面临很大的挑战。

2012 年 8 月 23 日,日本 NHK 电视台推荐 7680×4320 分辨率为国际 8K 超高清(SHV)标准,并以 8K 分辨率在 2013 年制作了电影《珍馐美味》;2015 年,NHK 使用 8K 技术,直播了加拿大女足世界杯;2016 年 8 月,8K 现场亮相里约奥运会;2017 年 5 月,日本 DoCoMo 和 NHK 宣布完成 5G 下的 8K 实时视频直播,宣布将使用"5G＋VR"进行 2020 年东京奥运会直播;2018 年,平昌冬奥会上各大转播机构采用了最新的 8K 和 VR 技术,在部分赛事项目试点 5G 网络传输,给观众带来身临其境的现场参与感。

用于计算、存储和网络测试的 8K 视频直播需要考虑视频制作、视频传输、视频播放等面临的问题,以完成高质量的 8K 直播能力。

首先,从视频制作的角度来看,需要有能够批量产生 8K 超高清视频的数据源,速率为 72 Gbit/s。根据 JVC SHV 摄像机的视频捕获结果,可以看到 194 GB 的存储能力仅可支撑约 1 分钟 7680×4320 分辨率的视频。因此,研发新的硬件编码设备和编码芯片是必要的。其次,从视频传输的角度看,只有稳定的高速网络才可以提供高质量的远程直播视频流。而 8K 视频直播速率需要超过 140 Mbit/s,理论上 5G 支撑的移动网络环境是可以支持高比特率视频在线播放的。此外,从视频播放的需求来看,为了能充分体验 8K 的视频质量,需要强大的视频播放器。而目前,超高清视频芯片和面板的支持自给率较低,支持 8K 解码功能的商用级芯片仍处于研发的阶段。然后从计算能力的需求角度看,确保视频播放顺畅需要通过 8K 推送服务器或直播中心进行高性能计算,所以也需要功能强大的硬件服务器。最后,从存储容量的角度看,8K 视频转码系统应具有支持高吞吐量的存储能力,所以可以满足长期、低成本的存储技术是必要的。

2. 云 VR

虚拟现实云(即 Cloud VR),是将云计算、云渲染的理念及技术引入 VR 业务应用,借助高速稳定的网络,将云端的显示输出和声音输出等经过编码压缩后传输到用户的终端设备,实现 VR 业务内容上云、渲染上云。

云 VR 业务具有丰富的应用情景和巨大的工业潜力。如果能够应用广泛,它将彻底改变人们的生活和生产方式。中国电信、华为实验室、华为 C&SI 商业咨询部以及国内外 VR 行业研究单位,将 VR 应用情景划分为 2C 和 2B 共 17 类情景。目前,国内外 VR 产业已经在内容、网络、终端、芯片和屏幕显示等各种相关领域成立了许多核心公司,不断创新产品和技术,不断提高 VR 用户体验。基于用户群、用户使用频率、内容成熟度、用户体验、浊度过程和行业成熟度,云 VR 可分为三个阶段:近期混沌、中期模糊和长期具体。目前,云 VR 处于近期混沌阶段。这个阶段的特点是:

(1)有各种各样的无线设备;

(2)传统内容支撑的云 VR 现场体验,身临其境的视频给人"真实"的存在感;

(3)这个阶段的场景可以认为是视觉的延伸,其目的是培养用户的 VR 习惯,包括云 VR 大屏幕影院、云 VR 直播、云 VR 视频和云 VR 游戏场景。

预计云 VR 的中期和长期浊度期,将分别在 2020~2022 年或更长时间内完成。

云 VR 的运营需要明确引入和推广新业务的商业模式。作为当前和未来流行的超高清视频应用之一,VR 是长期发展的必然。电信运营商充分利用大规模管道、平台优势、用户利益和网络资源,为高质量的 VR 服务提供商、VR 手机制造商和生态系统中的 VR 内容提供商提供服务。对于大多数 VR 用户来说,功能强大的网络具有成本效益,同时确保 VR 渲染云和用户终端之间的带宽和延时要求。具体而言,可以从四个方面推进云 VR 的运营,如图 7.1 所示,并做如下介绍。

1)平台基础

IPTV 平台具有标准化接口,支持其他应用对接和端到端服务功能;兼容云 VR 直播、云 VR 视频、云 VR 大屏幕影院和现有平台技术。视频可用于编码和流媒体传输技术。考虑合作伙伴的 VR 场景并构建实时渲染云计算平台,进而构建丰富的 VR 云场景。

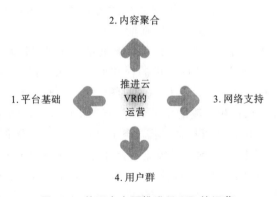

图 7.1 从四个方面推进云 VR 的运营

2）内容聚合

建立混合 VR 内容提供商构建的云 VR 产品系统,运营商可以打包销售。

3）网络支持

运营商可以从网络解决方案和网络基础架构中受益,从而更好地解决带宽和延时等问题。

4）用户群

运营商拥有广泛的用户群,培养用户使用 VR 习惯,以促进 VR 在家庭和企业领域的使用。

此外,云 VR 业务开发是一种基于体验的演化过程,可不断提高图像质量交互和提供更好的沉浸感,可以在云中实现传输技术和网络技术的匹配来完成 VR 业务体验范围。云 VR 服务体验的演变可分为四个阶段:早期开发阶段、入门体验阶段、高级体验阶段和极端体验阶段。

不同形式的交互具有不同的网络要求。VR 服务所需的网络关键是确保 VR 服务的每个交互式体验。弱交互 VR 主要对网络带宽提出了较高要求,而强大的交互 VR 对网络带宽和延时提出了更高的要求。

基于云的核心 VR 解决方案对 VR 网络带宽和延时以及云渲染资源要求的服务需求很高。VR 服务解决方案有望在未来成为基于云 VR 解决方案和大规模 5G 网络的 5G 边缘云的核心。在接入方面,充分利用了可靠的移动融合技术。提供对用户 VR 服务的免费访问,以实现移动网络和家庭宽带网络以及固定移位网络之间的无缝切换。

综上所述,5G 的核心应用将包括超高清视频,将是运营商 eMBB 服务的骨干,为未来发展提供强大的动力和保证。"5G ＋ 视频"工作应在国际标准组织(如 ITU 或 3GPP)框架内完成,需要充分考虑国内产业的发展、合作生产以及教育和学习的稳步发展。

7.6 "5G VR＋"

根据我国工业和信息化部《关于加快推进虚拟现实产业发展的指导意见》中所明确的内容,虚拟现实(简称 VR)是多域技术的集成体,包括了多媒体、传感器、新显示器、互联网和人工智能等,以扩展人类感知,改变产品形态和服务模式,给经济、科技、文化、军事、生活等领域带来深刻影响。全球 VR 产业正在从早期发展向快速发展过渡。

现阶段,VR 的发展需要进一步加强行业间的协同作用,促进学术研究、基础理论研究、虚拟现实的共性技术和应用技术。坚持整机带动、系统牵引,围绕虚拟现实建模、显示、传感、交互等重点环节,加强动态环境建模、实时三维图形生成、多元数据处理、实时动作捕捉、实时定位跟踪、快速渲染处理等关键技术攻关,加快虚拟现实视觉图形处理器(GPU)、物理运算处理器(PPU)、高性能传感处理器、新型近眼显示器件等的研发和产业化。

在产品供给方面,面向信息消费升级需求和行业领域应用需求,加快虚拟现实整机设备、感知交互设备、内容采集制作设备、开发工具软件、行业解决方案、分发平台的研发及产业化,丰富虚拟现实产品的有效供给。

在整机设备方面,发展低成本、高性能,符合人眼生理特性的主机式、手机式、一体机式、车载式、洞穴式、隐形眼镜式等形态的虚拟现实整机设备,研发面向制造、教育、文化、健康、商贸等重点行业领域及特定应用场景的虚拟现实行业终端设备;在感知交互设备方面,研发自内向外追踪定位装置、高性能 3D 摄像头以及高精度交互手柄、数据手套、眼球追踪装置、数据衣、力反馈设备、脑机接口等感知交互设备;在内容采集制作设备方面,加快动作捕捉、全景相机、浸入式声场采集设备、三维扫描仪等内容采集制作设备的研发和产业化,满足电影、电视、网络媒体、自媒体等不同应用层级内容制作需求;在开发工具软件方面,发展虚拟现实整机操作系统、三维开发引擎、内容制作软件,以及感知交互、渲染处理等开发工具软件,提升虚拟现实软硬件产品系统集成与融合创新能力;在行业解决方案方面,发展面向重点行业领域典型应用的虚拟研发设计、虚拟装配制造、虚拟检测维修、虚拟培训、虚拟货品展示等集成解决方案;在分发平台方面,发展端云协同的虚拟现实网络分发和应用服务聚合平台(Cloud VR),推动建立高效、安全的虚拟现实内容与应用支付平台及分发渠道。

结合 5G 的发展,需要引导和支持"5G VR+"的发展,推动"5G VR+"技术产品在制造、教育、文化、健康、商贸等行业领域的应用,培育新模式、新业态,拓展虚拟现实应用空间。

首先"5G VR+制造"可以广泛用于制造业研发设计、检测维护、操作培训、流程管理、营销展示等环节,提升制造企业辅助设计能力和制造服务化水平。推进 VR 技术和制造业数据采集与分析系统的融合,实现生产现场数据的可视化管理,提高制造执行、过程控制的精确化程度,推动协同制造、远程协作等新型制造模式发展。构建基于"5G VR+"的工业大数据、工业互联网和虚拟现实相结合的智能服务平台。面向装备制造行业,推进 VR 技术在数字化车间和智能车间的应用。

在"5G VR+教育"方面,推进 VR 技术在高等教育、职业教育等领域,和物理、化学、生物、地理等实验性与演示性课程中的应用,构建虚拟教室、虚拟实验室等教育教学环境,发展虚拟备课、虚拟授课、虚拟考试等教育教学新方法,促进以学习者为中心的个性化学习,推动教、学模式转型,打造虚拟实训基地,推动科普、培训、教学、科研的融合发展。

"5G VR+文化"则体现在文化、旅游和文物保护等领域,丰富融合虚拟现实体验的内容供应,推动数字内容向虚拟现实内容的移植。发展虚拟现实影视作品和直播内容,促进视频平台打造虚拟现实专区,提供虚拟现实视频点播、演唱会、体育赛事、新闻事件直播等服务。打造虚拟电影院、虚拟音乐厅,提供多感官体验模式,提升用户体验。建设虚拟现实主题乐园、虚拟现实行业体验馆等,创新文化传播方式。推动"5G VR+"在文物古迹复原、文物和艺术品展示、雕塑和立体绘画等文化艺术领域应用,创新艺术创作和表现形式。

"5G VR+健康"可以用在医疗教学训练与模拟演练、手术规划与导航等环节,推动提高医疗服务智能化水平,推动虚拟现实技术在心理辅导、康复护理等环节的应用,探索虚拟现实技术对现有诊疗手段的补充完善,发展虚拟现实居家养老、在线诊疗、虚拟探视服务,提高远程医疗水平。

"5G VR+商贸"则顺应电子商务、家装设计、商业展示等领域场景式购物趋势,发展和应用专业化虚拟现实展示系统,提供个性化和定制化的地产、家居、家电、室内装修和服饰等虚拟设计与体验及交易平台,发展虚拟现实购物系统,创新商业推广和购物体验模式。

现阶段,"5G VR+"需要大学、专业机构、研究机构、行业之间的联合研发,整合创新和创业资源,促进"5G VR+"创新资源共享,支持相关企业孵化,利用工业集团和第三方服务资源的积累,将"5G VR+"对接公共服务体系建设。此外,需要在"5G VR+"的行业中制定标准,建立生产、教育和研究的协同机制,改进虚拟现实标准和评估系统,努力推进中国标准的国际化,加快国际标准化进程。建立标准规范体系,确定"5G VR+"集成标准化的顶层设计,构建"5G VR+"标准化系统,提出"5G VR+"标准化的路径和时间表。在政府和行业的支撑下,加快制定相关的标准,提出"5G VR+"的安全和应用标准、标准化接口数据、程序接口、互连和其他标准,促进不同产品和应用之间的交换和相互识别。此外,还需要认真做好测试和认证的工作,研究并建立"5G VR+"产品的测试和评估机制,构建"5G VR+"技术、产品、服务等的测试评估系统,并引导第三方组织进行"5G VR+"标准广告和产品质量评估测试。

"5G VR+"系统平台的安全保护需要增强,如下所述。监控"5G VR+"攻击和研究保护技术,促进主要"5G VR+"产品安全风险监控和预警功能,增强安全威胁信息共享,对"5G VR+"安全漏洞风险和预警信息进行共享合作。加强对"5G VR+"领域中重要数据和个人信息的保护。出台数据安全和用户隐私法规等政策文件,遵循公司关于"5G VR+"行业技术和产品特征过程中用户个人信息的收集、存储、使用和销毁的规定,增强"5G VR+"业务的用户个人信息开发和保护水平。

7.7 "5G+无人机"

无人驾驶航空器(简称无人机)可用于各种行业,包括建筑、石油、天然气、能源、公用事业和农业,成为商业、政府和消费者应用的重要工具。近年来,无人机产业一直在高速发展,并逐渐形成与便携式无人机通信技术紧密结合的趋势,形成网络无人机。5G 网络为无人机提供低空网络连接,并连接无人机和遥控器、高清图像传输、精确定位、状态监控和安全网络等五个关键功能使其成为可能。到 2020 年,消费级无人机的数量将达到 1600 万,预计全球将形成数万个无人机网络。

"5G+无人机"包括如下典型应用场景。

(1) VR 直播:结合无人机技术,视频捕获通过 360°的全景透镜实现,视频通过 5G 网络发送到服务器。用户可以使用 VR 眼镜随时随地观看现场直播。VR 直播将广泛应用于体育赛事、演艺活动等实况直播。

(2) 物流:可用于运营中心、配送站和分发站之间的物流,可以避免拥挤,解放人力资源,消除地形限制,应对极端情况。

(3) 农业植物保护:具有农药散布、鸟类逃生、巡逻监视、鼠疫监控等功能,具有作业效率高、单位面积施药液量小、无需专用起降机场等优点。

(4) 制图:通过从无人机获取数据并基于各种应用场景的地图实现数据挖掘来创建实时真实地图。

(5) 巡检:如巡查、检测供电装置使用的输电线,通常在许多无人的地域,在山岳地带,无人机检测能及时有效地解决上述问题。

我国的三家通信运营商已经积极开展网络无人机应用部署。2018 年 4 月,中国电信在深圳完成了第一个 5G 无人机飞行测试和服务测试。这是中国第一个基于端到端 5G 网络的专业无人机测试,全景 4K HD 视频实时 5G 网络通信验证成功。2018 年 6 月,中国移动和拓攻机器人合作推进 5G 无人机先进智能安全解决方案。中国联通则在重庆发布了自主设计的辅助物资"5G 救援"方案。该方案可以进行广泛的地毯搜索和救援,充分利用无人机的高稳定性和灵活的飞行路径功能以及对受影响人口的快速定位特性。

在政策规定的制定方面,为了确保无人机"可见、可管理和可测试",建立一个完整的无人机安全飞行机制势在必行。安全的无人机飞行,需要无人机云、无人机制造厂和操作员之间紧密的合作。良好的行业发展态势,也促进了无人机注册和运营管理的相关法规和政策的制定与完善。例如中国民航局采用了高带宽、低延时和高可靠性的 5G 通信技术,实现高效、有序的无人驾驶飞行器管理,并支持构建未来的机载智能交通管理系统,支撑"5G＋无人机"的实现。

7.8 "5G＋IoT"

物联网被认为是互联网后信息技术革命的新浪潮。物联网的产业价值将是互联网的 30 倍,并成为下一个产值达一万亿美元的信息行业业务。众多科技巨擘以及创业企业都围绕 IoT 展开了布局,早早将触角延伸到了 IoT 领域,围绕全场景战略构想,在 IoT 领域进行了多维度布局。5G 来临后会真正实现万物互联,而"5G＋IoT"也成为产业界重要的一块业务。

如果说 5G 是路,那么道路另一侧的广袤大地便是 IoT。从产业基础设施升级的角度来看,往往当底层技术发展到一定阶段以后,全新的机遇会逐渐显现出来,当下触发这一变革的正是 5G。随着 5G 时代的全面开启,万物互联的时机已到来。据行业分析师预计,到 2035 年全球将部署 1 万亿台物联网设备。

在"5G＋IoT"方面,可以打造多层生态圈,如基于手机的入口,包括平板电脑、PC、消耗品、高清设备、AI 扬声器、耳机、VR 设备、汽车和其他辅助入口;泛物联网硬件,包括照明、安全、环境和清洁等设备,覆盖个人、家庭、办公室、汽车和其他场景。"5G＋IoT"的一个典型应用是智能家居开放互联,该互联的目的是解决不同智能设备之间的互联问题,让各厂家设备能以"普通话"进行沟通。据了解,国内 50 强家电制造商已经和移动设备制造商合作。例如华为 HiLink 协议已经涵盖 300 多种产品,可以访问 50 多个产品类别,吸引了超过 2000 万用户。通过 HiLink 协议连接基于 WiFi 的智能家居设备现已达到约 400 万台。在全场景"5G＋IoT"的部署上,有制造商表示将先在手机上做起来,之后带动整个场景的发展。

7.9 "5G＋人工智能"

有 5G 为基础,有手机等智能设备为终端,有大数据平台为后端,万物互联蓝图已经基本构建。不过有一个关键环节——"＋人工智能",不能缺失。只有加入人工智能才能让这张蓝图成为一个立体的生态,并且良性循环。

数字化升维,智能时代降临。据华为预测,到 2025 年,全球智能终端将达到 400

亿,智能助理普及率将达到 90%,企业数据利用率将达到 86%。作为新的通用技术,人工智能将改变每个行业和每个组织。

事实上,人工智能也是 5G 的核心技术,只有人工智能可以使网络运营更简便、更快捷。2018 年 10 月 10 日,在第三届 HUAWEI CONNECT 2018(2018 华为全连接大会)上,华为的轮值董事长徐志军系统地描述了华为的 AI 发展战略和全栈全站点 AI 解决方案。所谓的全栈是一个技术功能,全栈解决方案包括芯片,芯片启用、培训和推理框架,应用程序启用;所谓全场景是包括公共云、私有云、各种边缘计算、物联网行业终端以及消费类终端等全场景的部署环境。通过人工智能策略发布全栈全场景 AI 解决方案,其重要的目标是实现"普惠 AI"。未来全行业将走在一起,合作共赢,让人工智能走向大众,让每个人、每个家庭、每个组织都能享受到人工智能的价值。

7.10 小结

在本章中,我们详细描述了基于 5G 的多种技术融合,进而支撑了多个垂直行业的落地。我们讨论了"5G＋商业楼宇"、"5G＋能源"、"5G＋医疗"、"5G＋交通"、"5G＋视频"、"5GVR＋"、"5G＋无人机"、"5G＋IoT"以及"5G＋人工智能"等方面的技术研发进展、用例实践与测试情况、现阶段存在的问题,以及产业、服务、行业和国家层面上的共同推进。从这些发展现状中,我们能够认识到 5G 的到来为未来很多行业的进步带来了前所未有的机遇。当然,既要把握机遇、获得新生,也要认真分析、严谨对待、做好规划,踏踏实实地完成技术的攻关、服务的切实落地,完成从原始创新到盈利的周期运作。只有这样,才能加速 5G 的落地,才能让整个社会享受 5G 的技术优越性。

7.11 习题

(1) 我国工信部部长苗圩表示,"5G 不但要用起来,而且还要用好。"简要描述"把 5G 用好"的具体含义。

(2) 5G 产业生态链包含的领域有哪些?

(3) 5G 是如何与商业楼宇相结合的?

(4) "5G＋能源"具有哪些典型的特征?

(5) 5G 能够和医疗的哪些场景和应用相结合? 会有什么样的提升、改进和创新?

(6) 远程手术可能存在的潜在问题有哪些? 5G 有没有可能解决相关的问题?

(7) 5G 和交通的结合将会带来哪些不同于以往 3G、4G 网络的特点?

(8) 5G 对自动驾驶的支撑主要有哪些关键点?

(9) 为什么说 5G 和轨道交通的结合是基于 5G 技术在物联网领域的较强优势?

(10) 分析在推广"5G＋交通"过程中存在的主要挑战,你觉得面对这些挑战该有哪些举措?

(11) "超高清视频"指的是哪些视觉体验?

(12) "5G＋视频"更多指向的是 5G 和超高清视频服务的结合。简述其中的缘由。

(13) 为什么 5G 传输可以支撑 4K 和 8K 的视频传输? 通过具体的数值计算来进行分析。

（14）简述"5G＋视频"可以用于哪些应用场景。

（15）分析为什么 5G 起到了扩展 VR 消费市场的作用。

（16）具体描述 5G 技术是从哪些方面对 VR 进行支撑的。

（17）"5G VR＋"的应用场景有哪些？

（18）"5G＋8K 直播视频"涉及视频制作、传输和播放。简述现阶段这些方面面临的挑战。

（19）虚拟现实云即云 VR 是指什么样的技术？ 云 VR 的发展阶段有哪些？

（20）分析需要从哪些方面推进云 VR 的运营。

（21）根据我国工业和信息化部《关于加快推进虚拟现实产业发展的指导意见》，"5G VR＋"应重点研发哪些方面的设备？

（22）简述"5G VR＋文化"可能包含的应用场景。

（23）简述"5G VR＋商贸"可能包含的应用场景。

（24）"5G＋无人机"可能包含的典型场景有哪些？

（25）简述和传统的无人机应用相比，"5G＋无人机"在加强无人机安全飞行机制方面的优势。

（26）"5G＋IoT"的生态圈可能包含哪些设备，服务哪些典型场景？

（27）"5G＋IoT"的一个典型应用是智能家居。简述为了构建一个开放、互联的智能家居环境，应该解决的主要问题有哪些。

（28）为什么说人工智能是 5G 的核心技术？ 其全栈解决方案包括哪些内容，面向的场景有哪些，目标是什么？

8

5G 与国际政治

在前面的章节中,我们深入探讨了 5G 的技术优越性,5G 给未来社会和经济生活可能带来的巨大改变,5G 技术如何通过构建完整的生态系统影响制造业、产业、商业、服务业和城市发展的方方面面。期待各位读者通过这些章节的阅读,对 5G 有技术层面的具体认知。但是,和 3G、4G 不同,5G 的发展已经不是单纯的技术进步和通信系统的演变。由于 5G 技术自身的颠覆性创新和技术飞跃,5G 的研发、设备制造、网络建设和行业生态等方面都体现了多方面的整体融合和协同。所以 5G 在国家层面的快速发展和领先,是一个标志性的、平台性的综合实力的体现,也预示着在未来全球范围内的产业格局乃至与之相关的国际政治生态中的话语权的提升。

自 2018 年以来,5G 不仅是技术、产业的热门话题,也是国家之间、企业之间的关注热点和角力舞台。大国间的贸易争端演变成了你来我往的贸易战,矛盾越来越集中在谁将在高科技领域占据未来的主导权。为了达到这样的目的,多种手段层出不穷,某些国家甚至动用国家机器针对他国企业不断施压,5G 产业由此经历激烈震荡,5G 在国际范围内的建设速度也大大减缓,5G 相关的基建投入、金融投资呈现波动,世界不同区域在 5G 的投入上更加缺乏统一的规划。与此同时,由于新冠病毒在全球范围内广泛传播,为全球经济包括 5G 的发展带来了更加负面的影响。在这样的背景下,5G 会走向何方? 其发展之路还会有多少曲折往复? 这些值得我们全面观察、深入思考。

尽管围绕 5G 的国际政治事件仍在演变中,但其产生、演化的规律却和历史有着近乎相同的脉络。这一章里我们将从国际政治的角度来回顾上世纪 80 年代发生的美日之间围绕计算机技术的一系列争端,由此一窥 5G 发展背后所隐含的国家层面的较量,从而对未来 5G 在国际政治上的持续影响和发展,做出冷静的预测与判断。

8.1　历史回顾:日立、三菱"间谍"事件

8.1.1　背景:日美经贸关系

20 世纪 80 年代初期,计算机技术就像现在的 5G,有着举足轻重的地位。日本与美国在制造业方面最为激烈的冲突,也发生在计算机领域。二战结束后,日美贸易摩擦不断。1956 年,战争才过去了整整十年,日本已经开始自主限制对美国的棉织品出口,1969 年扩大到钢铁产品,1972 年进一步扩大到化纤产品,1977 年增加了电视机,1981

年还加入了汽车。从棉织品到汽车,美国对来自日本的疾风暴雨般的出口能忍则忍了,日本也"主动"限制了自己的出口,希望不要因为贸易赤字破坏了和美国的关系。

但是谈到最为高端的产业时,美国在原则问题上绝对不会退让。20 世纪 80 年代,美国在计算机技术上处于垄断地位,日本企业的紧追不舍也让美国十分的惊慌。因此,在这个问题上,美国要维护自己的权威地位,不能让日本企业领先一步。

日立公司盗取 IBM 公司技术机密事件,更被美国媒体称作"又一次偷袭珍珠港"。"钓鱼执法"应该是美国让日企低头的最重要的一个方式。

8.1.2 对日立的"钓鱼执法"

20 世纪 80 年代初,美国 IBM 公司居世界电子计算机业的霸主地位,年销售额约 300 亿美元,占全球一半以上,而日本六大计算机公司的销售总额不过约 100 亿,在技术上与 IBM 有 5 年以上的差距。日本这几大计算机公司倒是"心往一处想":去窃取 IBM 公司的技术机密。

最先得手的是日立公司。1980 年 11 月,日立公司高价收买 IBM 内部人员(伊朗籍的巴里·费萨),盗取了 IBM 新研发的"3081K"计算机的设计手册。单靠《IBM 3081K 设计手册》,日立还无法仿制出该型计算机。而 IBM 发现 3081K 机密资料失窃后加强了防范,日立在 IBM 的间谍无法再下手。于是日立的主任工程师林贤治找到柏林电脑技术咨询公司的经理马克斯维尔·佩里,委托他帮助拿到"IBM 3081K"的其他技术资料。

佩里是日立公司的业务伙伴,之前曾在 IBM 工作过 21 年,当过 IBM 先进电脑系统实验室主任。他假意接受日立公司的委托,暗地将情况告诉了 IBM 总经理伊文思和安保负责人查德·卡拉汉。IBM 因此联系了联邦调查局(FBI)。FBI、卡拉汉、佩里商议,设下了一个圈套。1981 年 11 月由佩里搭桥牵线,介绍林贤治等日立人员在拉斯维加斯会见了"格兰马尔咨询公司"总经理哈里逊,并提出将窃取"IBM 3081K"技术资料的"任务"转交给"真正的行家里手"格兰马尔咨询公司。这个咨询公司实际是 FBI 设在硅谷的、在电子领域反工商间谍的机构。

哈里逊先给日立公司一点"甜头":安排日立公司的旧金山办事处主任成濑,进入著名的航空发动机公司普拉特-惠特尼,给 IBM 的 3380 大型计算机系统拍了照;又应林贤治所请,为日立公司挖到了 IBM 的高级主管卡拉汉。日立公司与"格兰马尔咨询公司"的哈里逊经过讨价还价,以 52.4 万美元的价格达成交易,由"格兰马尔咨询公司"为日立公司拿到"IBM 3081K"的其他技术资料。

谁知,半路竟又杀出另一家日本公司来劫夺"IBM 3081K"的技术资料:三菱公司通过潜伏在日立公司的间谍,得知了日立公司委托"格兰马尔咨询公司"窃取 IBM 技术机密的事情,派技术主管木村富藏来找哈里逊,提出愿出 150 万美元,让"格兰马尔咨询公司"拒绝日立公司,而把"IBM 3081K"的技术资料交给三菱公司。哈里逊经过一番装腔作势,与木村富藏也达成了为三菱公司窃取 IBM 技术机密的协议。

"钓鱼"反间大剧加日本公司间的"无间道"闹剧演到此时,FBI 决定收网。1982 年 6 月 22 日,日立公司的林贤治、软件计划部工程师大西勋等,在旧金山"格兰马尔咨询公司"公司总部接收"IBM 3081K"技术资料时,被 FBI 逮捕。与此同时,拿到"IBM 3081K"部分技术资料要返回日本的木村富藏一行,在旧金山国际机场被 FBI 逮捕。

FBI 还对日立公司和三菱公司的另外 12 名人员发出逮捕令。

8.1.3 结局与代价

1982 年 6 月 23 日,CNN 播报了 FBI 逮捕 6 名"非法获取 IBM 的基本软件和硬件的最新技术情报,并偷运至美国境外"的日本工商间谍的录像和相关报导,美国舆论大哗,将这一事件称为"日本又一次偷袭珍珠港"。世界各大媒体也将这一事件称为"20世纪最大的产业间谍案"。

1983 年 2 月,日立公司总部和两名雇员在"承认有罪"的前提下,与 IBM 达成和解;10 月,三菱公司在"公司总部无罪、两名雇员认罪"的前提下,与 IBM 达成和解,分别与 IBM 签署了"技术使用费"合同。

在这一事件中"清白无辜"的富士通公司,也受牵累,不得不在承认 IBM 操作系统著作权的协议上签了字。仅在 1983 年,日立公司就向 IBM 支付了约 100 亿日元的技术使用费。

"日立窃取 IBM 机密"事件,实际是美国"官民共举、打败东洋"行动的一环。对日本经济腾飞、迫近美国甚至在一些方面超过美国,当时美国朝野深感焦虑。标榜"强大的美国"的里根政府一上台,就借此事件,撤销《垄断禁止法》对 IBM 等美国厂商的诉讼并提供司法援助,全面反击日本厂商。

8.2 历史回顾:东芝事件

除了日立公司外,美国还对东芝进行过制裁。接下来,我们将对东芝事件美国的制裁方式、带来的冲击、日本政企的应对、中长期的影响以及对资本市场相关个股的影响作简单介绍。

8.2.1 制裁原因

梳理历史上美国制裁其他国家的案例,其中对产业以及经济特定领域的制裁手段较多,但对特定公司的制裁较少,其中东芝事件最为典型。美国海军情报部对东芝列出的"罪证"是东芝偷偷卖给了苏联几台精密机床。这几台机床能让苏联潜艇躲开声呐且造出更强大的航母。尽管历史资料显示并不只有日本卖给苏联机床,美国其他的盟友也卖。但是日本东芝遭到美国明确的制裁,这背后美国的核心焦虑源于,在日本和美国之间高新技术领域的竞争,美国逐渐处于不利地位的事实。

8.2.2 制裁方式

东芝事件最初的制裁措施主要包括终止合作以及出口禁运,对公司的冲击有限。从 1985 年底事件被揭发至 1987 年 6 月众议院通过东芝制裁法案,期间美国对相关公司的制裁方案如下。

1987 年 5 月,美国军方取消了一项从日本东芝机械公司购买导弹技术的协议。1987 年 6 月,美国国防部取消了原定从东芝进口 150 亿日元计算机的合同,并决定禁止通过与东芝机械公司之间的任何新的军事合同。与此同时,美国参议院将制裁东芝机械的条款加入了贸易法案,同时对东芝集团的所有产品实施禁止向美出口 2~5 年的惩罚。1987 年 8 月,在美国国防部空军的电脑投标中,原本认为有竞争力的东芝电脑落选。

8.2.3　引起的冲击

从公司来看,东芝机械 1987 年营收和利润均下滑,1988 年以后企稳回升,恢复速度较快的原因是公司在美国市场销售额的比例有限,约为 10% 左右,制裁并没有造成较大的损失。而母公司东芝由于在 1988 年 4 月的最终制裁措施中幸免,因此影响不大。

从行业来看,由于全球半导体行业从 1985 年开始步入衰退周期,美日半导体争端亦打击了日本半导体产业,因此并无充分证据证明 1986、1987 年日本半导体行业收入、利润的连续下滑同东芝事件有关。

8.2.4　日本的应对

经历一系列事件之后,日本从政府到企业转变态度、积极纠错、大力游说,最终落地的制裁力度大大减轻。

在 1987 年 3 月美国国务院指令驻日大使呈现证据后,日本政府态度由之前的拒不认错开始转变,在意识到问题的严重性之后积极纠错,最终 1988 年 4 月美国国会最终法案宣布,制裁范围由东芝集团缩小至东芝机械,限制时间也由 5 年缩短至 3 年。

日本政府方面的应对措施包括如下。1987 年 4 月通产省官员首次承认东芝非法出口事实并赴美协调;5 月,日本通产省依据《外贸及外汇管理法》行政处分东芝事件中的涉事企业,与此同时,日本警视厅逮捕了日本东芝机械公司铸造部部长林隆二和机床事业部部长谷村弘明。当时日媒对此的报道是“在美国的要求下,日本派出警视厅的警察全副武装,封锁了几条街,然后雷厉风行地闯进东芝总部逮捕铸造、机床部的两位高管。随后,东芝被严密控制,从硬盘到文件,被全面搜查。”1987 年 7 月,日本修订了《出口管制法》。

日本企业层面的应对措施如下。1987 年 5 月,东芝机械公司社长引咎辞职;7 月,东芝董事长和总经理宣布辞职,与此同时,东芝公司投入 1 亿日元在美国 50 个主流媒体的整个版面上登“谢罪广告”;8 月,东芝组织在美雇员向国会议员集体写信陈情,申明对东芝的制裁会导致自己的失业;9 月,东芝集团在新闻发布会上宣布发现一家法国公司最早向苏联提供高精度机床,“不能将板子都打在东芝身上”;9 月,日本方面发动与东芝有密切生意往来的美国本土大型企业,对国会山展开密集游说。

8.2.5　中长期影响:美国对技术制高点的争夺

中长期来看,东芝事件体现了美国对于建立国际秩序,以及掌控技术制高点的诉求。在国际秩序建立方面,东芝事件曝光之前,在冷战缓和、贸易复苏的大背景下,巴黎统筹委员会各成员国对禁运协议心照不宣,东芝事件只是其中的冰山一角。此外,美国当时的核心焦虑在于日本和美国之间高新技术领域的竞争中,美国逐渐处于不利地位,1983 年美国商务部提出的五个科技核心领域中美国领先的只有两个,1985 年世界十大半导体厂商中日本占据一半。东芝事件穿插在美日半导体争端中,尤其是 1987 年 4 月美国对日本 3.3 亿美元存储器加征 100% 关税,同确凿的证据一起加速了日本的妥协,但美国实施制裁的目的,并非通过东芝事件缩小贸易差额。最终看到日本最终妥协承诺的事项和付出的代价基本与贸易无关。

除了对东芝进行制裁以外,1985年以后美国对日本高新技术产业的打压还包括如下内容。

(1) 1985年6月,SIA向美国贸易代表办公室(USTR)就日本电子产品的倾销提起了301条款起诉。

(2) 1987年,美国政府以危害国家安全的名义,禁止日本富士通收购美国仙童半导体公司。

(3) 1989年6月,USTR启动对日本禁止政府采购外国卫星的调查。

(4) 1989年6月,USTR启动调查日本在超级计算机政府采购方面的问题。

东芝事件后,美日双方达成协议,日本加入美国战略防御计划,双方共同开发FSX战斗机,美国有权得到所有技术,美国借此打开了获得日本技术的渠道。在武力、经济双重压力下,当时的日本首相中曾根康弘还亲自奔赴美国当面向美国各地道歉。东芝关闭了莫斯科分部,象征着苏联采购西方技术的可能性已经消除。

但是,东芝事件对资本市场的冲击并不是非常大,总体呈现阶段性的特点。具体表现如下。

(1) 东芝事件仅对涉事公司东芝机械的股价有阶段性负面冲击。

(2) 东芝事件对资本市场的影响不大。由于事件所处的时间段是日本牛市阶段,因此东芝事件对于市场的负面冲击大大减轻,从东芝事件被揭露到最终制裁落地,日经指数上涨了100.44%。

(3) 东芝事件中的直接涉事公司市场遭受阶段性冲击。东芝机械在严厉制裁落地之前大幅跑输市场。在日本政府和企业同美国斡旋时期,东芝机械涨跌幅和日经指数持平。最终制裁落地后,公司股价大幅跑赢市场,至1989年底涨幅达到175.17%,大幅跑赢日经指数的49.95%。

(4) 母公司东芝集团基本未受到事件影响,股价跑赢基准指数,跑赢同期日经指数。

(5) 行业指数受到的影响不大。半导体指数三个阶段涨跌幅分别为-0.56%、38.71%、-1.76%,走势受自身景气的作用程度更大。工业机械指数三个阶段涨跌幅分别为47.24%、21.45%、91.91%,和大盘的关联程度更高。

表面上看,日企在这轮贸易摩擦中损失惨重,但人们并没有发现美国企业因此强大起来。IBM在2004年将个人电脑业务部门卖给了联想公司。敲打东芝时,虽然美国议员砸了许多台东芝电视和录音机,但直到现在美国的电视及录音机企业也没有一家能够超越东芝的,更不用说超越亚洲其他后来居上的企业了。

在美国和日本的贸易战中,除了金融,其他的领域美国并没占到便宜。就美国重点打压的日本汽车行业来说,不管是打压前还是打压后日本汽车在美国的销售量一直是稳步上升的。因为日本汽车质量好,价格还亲民,在美国有着大量的普通家庭需要日本产品。日本丰田汽车依照美国要求搬到美国生产后,在美国的产量逐渐上升,在国内的逐渐减少。汽车贸易战打到最后,日本的汽车企业反倒从中端车变成了高端车,美国汽车之都底特律反而一蹶不振。美国对日本的贸易逆差也是持续拉大。

但是,真正击溃日本经济的是1985年的《广场协议》,它让日本的金融泡沫越来越大,最终走向了崩盘,日本才进入了经济停滞的 20 年。

8.3 对策与建议

从历史一系列事件,我们可以看到美国会利用制裁、禁令、法案等形式限制其他国家高科技产业的发展,总结下来可以有如下的几种方式。

（1）以国家意志干预市场机制,巩固技术领先优势。例如 20 世纪 80 年代,正值美国在计算机技术领域受到来自日本的挑战。当时标榜"强大的美国"的里根政府一上台,就借"日立窃密事件",撤销了《垄断禁止法》对 IBM 等美国厂商的诉讼,并提供司法援助,全面反击日本厂商。通过政府的插手干预,巩固本国企业在技术研发方面的领导地位,遏制他国公司的技术进步速度,为本国赢得控制权和更多时间。

（2）从国家层面发动贸易战,也是保持其技术领先的必要手段。如 20 世纪 80 年代,为了遏制日本对美国高技术领域的挑战,里根政府对日本发动"贸易战","日立窃密事件"成为里根政府手中一张重要的牌,迫使日本政府做出重大让步,于 1985 年 9 月美、日、英、法、西德五国财长在纽约广场饭店签署了《广场协议》。

（3）阻止企业并购,阻止本国企业进入本国美国市场,整治在本国的他国企业,在相关产业方面利用诉讼阻止其他国家企业的发展,联合其他国家扩大制裁的范围等,均被用于阻滞他国技术研发,保持自身技术优势的组合手段。

从 20 世纪 80 年代美国对其他国家和公司进行制裁的历史可见,美国动用国家机器能够在一定程度上遏制其他国家、先进企业的短期发展,但是长期来看,并不一定可以实质奏效。如今在 5G 的背景下,制裁和打压不断,我们需要从多个层面做好应对,尽可能减少损失和滞后。

首先,我们需要保持技术的领先。我国的 5G 技术和产品已经领先世界约 12 个月甚至更长的时间。一定程度上,我国产业界各大企业的 5G 网络、终端已经具有了不可替代性。如果不使用中国企业的 5G 产品,5G 相关服务的开展将会有一年的延迟,保持技术领先是保持竞争力的重中之重。

其次,我们要保持开放格局,扩大国际市场。我国 5G 相关企业已在全世界范围内有大量的投入和市场份额,他们的市场地位很难在短期内被撼动。有的公司已经在 170 个国家和地区部署了移动通信网络并提供服务,其产品性价比高,非常具有竞争力,是很多运营商的首选,他们的口碑已经建立。

我们还要继续开发国内大市场,保持自身旺盛需求。中国自身具有潜力巨大的国内消费市场,对移动通信网络和服务的需求是非常强烈的。很多需要资金、技术和市场才能落地的产业,都可以在中国得到发展,例如我们的大飞机产业。通信产业有我们国家自身的支持,就能够在一定程度上保持快速的发展。

此外,掌握产业链核心、引领生态圈创新是我们长期应对阻碍、增强自身活力的关键。与 5G 相关的产业,在我国已经逐渐呈现整体发展的态势,涉及汽车、高铁、IoT、移动互联网等。5G 的需求不是替代性的,而是创新性的。我们国家已经具有了整体技术创新的能力和平台,时不我待,发展的需求势头强劲。

与此同时,我们需要紧紧依靠国家的力量,发挥体制优势。我国独立自主的国家体制是强大的后盾;中国政府具有的强大执行力是必胜的法宝。

总而言之,我们自己要不乱分寸、不乱阵脚,按自己的节奏,走自己的路。国际上民粹主义、单边主义、本国优先主义盛行,世界呈现多边态势,我们只要做好自己的技术,控制好发展的节奏,就能够步步为营,争取主动。

8.4   小结

在本章中,我们回顾了 20 世纪 80 年代发生的围绕计算机技术的一系列国际贸易、技术争端,分析了制裁对一些企业的影响和对国家的长期影响。当今世界冷战思维、民粹主义正在回潮,也给世界秩序、国际规则带来了极大的挑战,5G 在国家层面的快速发展和领先,是一个标志性的、平台性的综合实力的体现,也预示着在未来全球范围内的产业格局乃至与之相关的国际政治生态中的话语权的提升。最后,我们分析了现阶段5G 发展遇到的挑战,并对长期发展提出了建议和对策。

8.5   习题

(1) 历史上,日立、三菱等日本企业均遭到过制裁。简述制裁发生的根本原因,制裁的具体内容,以及对日本产业的影响。

(2) 东芝由于向前苏联出售精密机床而遭到制裁。简述制裁对日本的中长期影响。

(3) 纵观 20 世纪末发生的围绕计算机技术的国际贸易争端,举例说明国家为保持本国技术优势而可能采取的措施。

(4) 针对近年来发生的围绕 5G 的事件,我们从中得到什么样的启示,应该如何应对?

9

6G 展望

5G 虽然已来,但是仍不能满足未来对无线通信的需求。本章里,我们将对 5G 现存的问题进行分析,查找 5G 所能达到的通信指标和未来工业 4.0、人工智能驱动的产业发展以及算力提升以后对通信的需求之间的差距。而后,我们将讨论现阶段 6G 研发的启动情况。此外,特别针对可能将在 6G 中广泛使用的太赫兹技术进行现状分析和展望。我们还将对 6G 可能涉及的移动通信技术进行展望。

9.1 5G 存在的问题以及研究 6G 的必要性

由于大量 VR/AR 的应用增长,自动驾驶、物联网以及无线回程线路(wireless backhaul)均需要更高速率的无线传输。据分析,现阶段 5G 的 10 Gbps 的信息传输速率需要进一步提升到 100 Gbps 才能够基本满足上述的信息传输需求。提高传输速率最直接的方法就是增加通信带宽。世界范围内通用的 100 GHz 以下的未被商用的或者未被授权的可用频谱仅为 6 GHz。在 6 GHz 的频宽下,要达到 100 Gbps 的传输速率,需要 14 bits/s/Hz 的频谱利用率,而现有的调制解调技术难以达到此数值。所以,要想实现数据速率为上百吉比特每秒的传输,就需要 100 GHz 以上的频带。2019 年世界无线电通信大会(WRC-19)最终批准了 275 GHz~296 GHz、306 GHz~313 GHz、318 GHz~333 GHz 和 356 GHz~450 GHz 频段共 137 GHz 带宽资源可无限制条件地用于固定和陆地移动业务应用。可以认为未来 6G 将使用这些频段。

我们来简单了解以下可用于无线传输的电波传输特性,这对于如何选择承载上百吉比特每秒数据速率的传输介质非常重要。首先,我们来看光波与电离辐射。光波和电离辐射并不适合无线通信。主要是因为在光学和红外频率下,大气和水吸收对信号传播有较大的影响,还有环境阳光对通信信号的干扰,以及由于视觉安全限制所需的低传输功率预算,此外还有粗糙表面上的高扩散损耗等问题,综合限制了光波在无线通信系统中的使用。而电离辐射,包括紫外线、X 射线、银河辐射和伽马射线,通常具有足够高的粒子能量,能够驱逐电子,使人体产生自由基,进而会导致癌症,也不适合用于无线通信。值得一提的是,电离辐射也是未来星际旅行的主要健康风险。现阶段电离辐射不用于通信应用,而是更多地用于测量金属厚度、伦琴射线立体摄影测量、天文、核医学、消毒医疗设备以及对某些食品和香料进行巴氏消毒。相比之下,6G 传输媒介的最佳选择是太赫兹波与毫米波。与电离辐射不同,毫米波和太赫兹辐射是非电离的,因为光子能量比电离光子能级低三个数量级以上,不足以从原子或分子中释放电子。

　　电离辐射尽管不是毫米波和太赫兹波频率的问题,但是毫米波与太赫兹波的热效应被认为是唯一可能的主要致癌风险。联邦通信委员会(FCC)和国际非电离辐射防护委员会(ICNIRP)对此设立了相关的标准,主要是为了防止热危害,特别是对于眼睛和皮肤,这些组织内部由于缺乏血液流动,从而对辐射热最敏感。太赫兹辐射源可能会在6G 时代变得越来越广泛,还是很有必要仔细研究太赫兹辐射对人体健康的影响,因为尽管太赫兹辐射的频率比电离辐射低两个数量级以上,我们仍然需要谨慎确认热效应的确是太赫兹唯一的健康问题。

　　太赫兹波频率范围为 0.1~10 THz,毫米波的频率范围为 30~300 GHz,使用太赫兹波和毫米波进行无线通信和低于 100 GHz 的电波相比,由于前者的波长变短,可以实现大规模空间复用(massive spatial multiplexing)并在集线器和无线回程通信中使用。太赫兹波和毫米波也可以用于极高精确度的感测(sensing)、成像(imaging)、光谱学(spectroscopy)和其他应用。例如,在军事上,小波长(可达到微米级)的特性使得极高增益天线能够在极小的物理尺寸中制造出来,因此在高度敏感的链路上可以实现安全通信。

9.2　启动 6G 研发

　　在 2019 年 2 月,美国总统特朗普批准了美国 6G 的试验。随后,FCC 决定开放 95 GHz~3 THz 的毫米波和太赫兹波频段作为试验频谱,用于 6G 技术验证。2019 年初,纽约大学的 Rappaport 教授展示了一个 140 GHz 系统的演示。2019 年 10 月于洛杉矶举行的 DARPA 频谱协作挑战赛,也从技术层面证明了利用 AI 技术,频谱利用率比今天可以达到的水平提高了 300%,使得 6G 技术和更先进的 AI 技术的融合成为可能。该挑战赛的题目是假设有多个独立的无线网络,在大约 1 平方千米区域内同时广播。允许这些无线电网络接入相同频段,并且每个网络将利用 AI 技术来确定如何与其他网络共享资源。将根据完成多少任务(如电话和视频流)确定团队的成功度和最终的赢家。该比赛的环境为目前位于约翰斯·霍普金斯大学应用物理实验室的虚拟测试平台"斗兽场",即世界上最大的射频模拟实验平台。"斗兽场"占用了 21 个服务器机架,可以实现 256 个无线设备之间的实时计算和超过 65000 个信道的交互仿真。采用 64 个 FPGA 可以执行每秒超过一百五十万亿次浮点(teraflops)运算来完成仿真。该项比赛的成果验证了人工智能背景下的无线电可以创造一个无线通信新时代。

　　2019 年 3 月,日本与欧洲已经开始进行 6G 技术"产-学-官"联合研发。德国电信集团、欧洲一些大学、日本电气公司(NEC)、日本早稻田大学等参与其中。在日本和德国的主导推动下,IEEE 已经把 300 GHz 频段规定为"短距离通信频段"。要在 300 GHz 频段实现 6G,必须开发处理超高频率信号的技术以及相关半导体技术。德国进行了 70 GHz 频段和 240 GHz 频段的无线通信实验,接下来将进一步扩大频率、距离,提升通信速度,为到 2021 年在固定基站之间进行通信试验做准备。

　　2018 年年底,我国工信部 IMT-2020(5G)无线技术工作组组长粟欣透露,中国将启动 6G 的概念研究。2019 年 11 月,我国科技部会同国家发展改革委、教育部、工信部、中科院、自然科学基金委组织召开 6G 技术研发工作启动会。我国在 2019 年颁布的

《国家重点研发计划"宽带通信和新型网络"重点专项 2019 年度项目申报指南建议》中，明确提出该专项的总体目标是开展新型网络与高效传输全技术链研发，使我国成为 B5G/6G 无线移动通信技术和标准研发的全球引领者，在未来无线移动通信方面取得一批突破性成果。该专项提出了 6 个 6G 的研究项目，包括：

（1）支撑 5G/B5G 巨链接、大流量、低延时快速演进的新型网络技术研究与试验；

（2）与 5G/6G 融合的卫星通信技术研究与原理验证；

（3）基于全维可定义的天地协同移动通信技术研究；

（4）非对称毫米波亚毫米波大规模 MIMO 关键技术研究及系统验证；

（5）基于开源生态的无线协作环境；

（6）大维智能共生无线通信基础理论与技术。

9.3　太赫兹技术现状与展望

太赫兹通信现阶段仍存在大量急需解决的问题，例如：现阶段能够商业化的太赫兹收发器的成本需要进一步降低；高增益的功放设备在 500～750 GHz 频段存在性能上限；大规模高密度天线阵列的结构设计问题，如如何兼顾空间、间隔与性能之间的平衡；太赫兹电波传播特性未知，如其高损耗的特征以及水分子吸收的特性；如何实现超窄波束，需要在器件上普遍采用天线阵列的技术；防止窃听和保密的技术开发问题，现阶段太赫兹通信仍然存在较高的窃听风险；由于大带宽带来的高功耗问题。

太赫兹频谱分配得到了国际标准组织的共同努力。美国的 FCC，欧洲的 ETSI 和国际标准化组织 ITU 正在寻求开放 95GHz 以上的频段。其中 FCC 在美国拟放开 21.2 GHz 的非授权频段。IEEE 802.15.3d 也已经制定了 252～325 GHz 的 WiFi 标准，数据率达到 100 Gbps，通道带宽从 2 GHz 到 70 GHz。这样利用太赫兹的 WiFi 旨在完成如下的典型通信功能：

（1）街边定点的零售厅数据下载；

（2）车内设备之间的高速通信；

（3）与数据中心之间的数据连接；

（4）用于系统的数据回传的无线连接。

太赫兹的典型技术包括了六个方面，如图 9.1 所示，具体介绍如下。

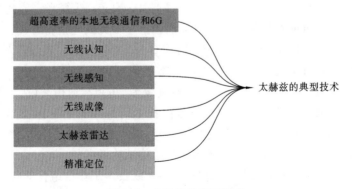

图 9.1　太赫兹的典型技术

1）超高速率的本地无线通信和移动通信(6G)的应用

综合而言,太赫兹将在 6G 中用于服务计算需要的超高速数据传输、自动驾驶、机器人控制、信息展示、高清全息游戏、娱乐、高清视频会议、数据中心分布式数据源通信、无线认知、无线感测、无线成图和高精度定位等。

2）无线认知

考虑到未来的多种传感设备在认知方面存在局限性,如受限于功耗、体积等,数据源(例如无人机及无人机编队)难以具有高计算能力,需要利用固定地面站和边缘服务器来实现认知,对数据源进行远程支撑。

按照摩尔定律预计,2036 年,相当于人脑计算能力的计算机售价能够降到约 1000 美元。只有太赫兹波频段的信息传递才能支撑人脑计算级别的实时计算。例如 1000 亿个神经元,进行每秒 200 次的神经元状态更新,就需要完成每秒 20×10^{15} 次浮点运算。如果按照每次运算产生一个比特来计,则需要达到 20000 Tbps 的数据率。人体每个神经元的存储力为 1000 Bytes,人脑总存储量为 100 TB。10 GHz 带宽的通道,每赫兹一个符号传输 10 bits,利用大规模天线阵列技术和 CoMP 协同提高 1000 倍容量,则达到 100 Tbps 的传输率,就可以达到相当于 5‰ 的人脑计算力。如果我们可以达到 100 GHz 带宽的通道,则相当于 5% 的人脑计算力。所以从这个角度看,为了实现类人智能,我们需要太赫兹波频段支撑的数据传输能力。

3）无线感知

无线感知基于的物理现象是太赫兹波的短波长可能引起的频率高选择性,基于此特性,进而形成不同物体的无线信号的指纹特征,同时利用窄波束的扫描和高频段的高分辨率来进行精确的感知。无线感知可以认为主要针对 3 m 内的探测距离(例如室内场景)。利用感知的结果,可以实现 3D 的环境重现即能够服务于虚拟现实的引用。此外,频率扫描同样可以通过探测物体,包括化学物、空气,实现无接触人机接口、危险品识别、健康识别、自我姿态调整等。无线感知能够综合支撑云端的全景呈现、交通、购物等垂直应用。

4）无线成像

太赫兹波的传播可以抵抗环境干扰和空气干扰(相对于 LiDAR 光和红外雷达),能够抵抗雨雪雾,为驾驶和飞行服务。太赫兹成像可以看到被阻挡的物体,由于太赫兹波在物体表面具有反射特性,能够"转弯",同时由于物体在太赫兹波频段具有散射丰富的特点,能够支持对背景进行详细的描述。

5）太赫兹雷达

太赫兹雷达具有微波和光波雷达没有的优势。其设备体积中等,可以描述漫散射和反射物体。算法简单,能够通过简单变换重构 3D 场景。

6）精准定位

太赫兹波由于其波长较短,能够更加精准地实现衍射定位。此外,太赫兹不同于光波雷达,它可以用于在非视距中的定位。已经有相关的技术来实现非视距定位。该技术首先利用太赫兹 SAR 先扫描室内,画出室内障碍物的布局,而后利用手机发射一个太赫兹宽带电波,基站接收之后分析出来波的波达角(AOA)和波达时间(TOA),并回溯到手机的位置。该技术已经被证实可以在 2.8 m 的范围内实现物体定位,准确度可以达到 2 cm。该定位方法的优势是不需要事先知道地图,就可以进行 3D 绘图,并且在通信的同时完成绘图。

9.4　6G 移动通信技术展望

尽管在 2018 年底还有观点认为 5G 已经是"终结者",从技术层面上不会再有 6G 的出现,但是 2019 年 6G 研发的呼声越来越高,并且越来越多的组织和个人对 6G 的技术、应用、服务进行了预测。这一节中,我们就比较重要的一些观点进行介绍和梳理。

9.4.1　欧洲的 6G 观

2019 年 3 月 24 日到 26 日,全球第一届 6G 无线峰会在芬兰召开。在这个会议上,专家们对未来移动通信进行了如下几个阶段的划分。2000~2020 年,是以多媒体服务和 APP 应用为主的移动互联时代;2020~2030 年为 5G 时代,包括 eMBB、mMTC 和 uRLLC 三大场景,一个万物智联的时代;2030 以后,即为 6G 时代,将探索新媒体、新服务、新架构、新 IP 四大领域。

英国电信集团(BT)首席网络架构师 Neil McRae 的观点是,5G 是基于异构多层的高速因特网,早期是"基本 5G",并将在 2020 年左右进入商用;中期是"云计算＆5G";末期则是"边缘计算＆5G"(三层异构移动边缘计算系统)。而 6G 将是"5G＋卫星网络(通信、遥测、导航)",将在 2025 年得到商用,特征包括以无线光纤技术实现超快宽带。7G 将分为"基本 7G"与 7.5G,其中"基本 7G"将是"6G＋可实现空间漫游的卫星网络"。

9.4.2　美国的 6G 观点

在美国,6G 是和卫星通信紧密联系在一起的,马斯克的 SpaceX 公司雄心勃勃的"星链(Starlink)计划"即是其中最直接的体现。2019 年 5 月 24 日上午 10 点 30 分,"猎鹰 9"运载火箭将 60 颗卫星一次发射进太空,这是人类历史上单次卫星升空数量最多的一次,代表着"星链"计划拉开了组网序幕。至 2020 年 1 月底,"星链计划"已经完成四次卫星发射。

SpaceX 公司的"星链计划":第一步用 1600 颗卫星完成初步全球覆盖,其中,前 800 颗卫星满足美国、加拿大等国的天基高速互联网的需求;第二步用 2825 颗卫星完成全球组网,前两步的卫星总数量为 4425 颗,这些卫星工作在较为传统的 Ka 波段和 Ku 波段,力争以量取胜;第三步用 7518 颗卫星组成低轨星座,运行轨道为 340 km 高度附近。按照"星链计划",卫星发射 12 次可令星链网络覆盖美国,发射 24 次即可覆盖全球主要地区,30 次则可以无死角覆盖全球任何地域。该计划全部完成后,将形成 12000 颗通信小卫星的空间布置,并在 450 km 高的近地轨道覆盖全球,提供的上网速度可达 1 GB/s。在未来 20 年内,全世界将有 20% 甚至 50% 的通信服务转到天基互联网系统。而且天基互联网完全没有地理上的限制,对于高山、海洋、极地等传统通信极难覆盖的区域无差别对待。

基于"星链计划"的 6G 被认为是美国在 5G 后的移动通信技术上的弯道超车。美国在 5G 技术上已严重落后,缺乏地表大规模基建技术与能力。6G 是以卫星为基础组建互联网,而非光纤和基站。网络建设则以卫星发射和完成太空部署两部分完成。美国的深空探测、遥感、操控技术都很发达,可重复火箭技术日趋成熟,高低轨道卫星组网技术成熟,太阳能无人机发展相当成熟,可以全年不间断飞行,取代低轨道卫星。地球大气层 12 km 以上无雨雪雾霾等天气变化,高轨道卫星之间和高轨道与无人机之间的通信可以采用可见光激光,而无人机跟地面之间用无线电波通信。美国直接过渡到 6G 相对容易。

国际上针对太空中建立下一代宽带网络的计划已有不少。这些计划均使用一个由数百甚至数千颗小卫星组成的所谓"星座"来提供互联网连接。亚马逊的提案是建立一个由 3236 颗卫星组成的网络。2019 年 5 月,软银支持的 OneWeb 公司发射了将由 650 颗卫星组成的网络的前 6 颗卫星。波音和加拿大运营商 Telesat 也宣布了其开发高速互联网卫星"星座"的计划。可见基于天基互联网的 6G 也是未来一个重要的发展方向。

9.4.3 中国的 6G 观点

在我国,张平院士的 6G 观点勾勒出一个更为全面的 6G 世界。他认为在未来的 6G 中,网络与用户将被看作一个统一整体。用户的智能需求将被进一步挖掘和实现,并以此为基准进行技术规划与演进布局。在 5G 演进后期,陆地、海洋和天空中存在巨大数量的互联自动化设备,数以亿计的传感器将遍布自然环境和生物体内。基于 AI 的各类系统部署于云平台、雾平台等边缘设备,并创造数量庞大的新应用。6G 的早期阶段将是 5G 的扩展和深入,以 AI、边缘计算和物联网为基础,实现智能应用与网络的深度融合,实现虚拟现实、虚拟用户、智能网络等功能。进一步说,在人工智能理论、新兴材料和集成天线相关技术的驱动下,6G 的长期演进将产生新突破,甚至构建新世界。

张平院士认为 AI 在 6G 的应用是大势所趋,但不是把 AI 当作 6G 的简单叠加。只有深入挖掘用户的需求,放眼智能、通信与人类未来的相互关系,才能揭示 6G 移动通信的技术趋势。以色列历史学家尤瓦尔·赫拉利在《未来简史》中预测了 AI 与人类之间关系的 3 个递进阶段。首先 AI 是人类的超级助手,能够了解与掌握人类的一切心理与生理特征,为人类提出及时准确的生活与工作建议,但是接受建议的决定权在人类手中;其次,AI 演变为人类的超级代理,并从人类手中接过了部分决定权,它全权代表人类处理事务;之后,AI 进一步演进为人类的"君王",成为人类的主人,而人类的一切行动则听从 AI 的安排。基于上述预测,张院士认为 6G 应当遵循 AI 与人类关系的发展趋势,达到关系演进的第一阶段,也即超级助手阶段。

作为超级助手阶段的重要实现基础,6G 承载的业务将进一步演化为真实世界和虚拟世界这两个体系。

真实世界体系的业务兼容 5G 中的 eMBB、mMTC、uRLLC 等典型场景,实现真实世界万物互联的基本需求。虚拟世界体系的业务则包括对真实世界业务的延伸,与虚拟世界的各种需求相对应。

虚拟世界为每个用户构建 AI 助理(AI assistant,AIA),并采集、存储和交互用户的所说、所见和所思。虚拟世界体系使人类用户的各种差异化需求得到了数字化抽象与表达,并建立每个用户的全方位立体化模拟。具体而言,虚拟世界体系包括 3 个空间:虚拟物理空间(virtual physical space,VPS)、虚拟行为空间(virtual behavior space,VBS)、虚拟精神空间(virtual spiritual space,VSS)。

VPS 基于 6G 兼容的典型场景的实时巨量数据传输,构建真实物理世界(如地理环境、建筑物、道路、车辆、室内结构等)在虚拟世界的镜像,并为海量用户的 AIA 提供信息交互的虚拟数字空间。VPS 中的数据具有实时更新与高精度模拟的特征,可为重大体育活动、重大庆典、抢险救灾、军事行动、仿真电子商务、数字化工厂等应用提供业务支撑。

VBS 扩展了 5G 的 mMTC 场景。依靠 6G 人机接口与生物传感器网络,VBS 能够实时采集与监控人类用户的身体行为和生理机能,并向 AIA 及时传输诊疗数据。AIA 基于对 VBS 提供数据的分析结果,预测用户的健康状况,并给出及时有效的治疗解决方案。VBS 的典型应用支撑是精准医疗的普遍实现。

基于 VPS、VBS 与业务场景的海量信息交互与解析,可以构建 VSS。由于语义信息理论的发展以及差异需求感知能力的提升,AIA 能够获取用户的各种心理状态与精神需求。这些感知获取的需求不仅包括求职、社交等真实需求,还包括游戏、爱好等虚拟需求。基于 VSS 捕获的感知需求,AIA 为用户的健康生活与娱乐提供完备的建议和服务。例如,在 6G 支撑下,不同用户的 AIA 通过信息交互与协作,可以为用户的择偶与婚恋提供深度咨询,可以对用户的求职与升迁进行精准分析,可以帮助用户构建、维护和发展更好的社交关系。

9.5 小结

从本章介绍的内容可以看到,6G 的研发在国家的主导下已经蓬勃开展起来了,这与 4G 或 5G 是由华为、三星和爱立信等商业公司制定标准的发展方式有了很大的区别,说明 6G 具有的改变社会的系统性格局的潜力已经得到了认同。由于 5G 还处于起步阶段,所以 6G 推出还需要很长时间。我国的 6G 发展规划已经推出,初步预计将在 2030 年左右投入使用。和 5G 相同,6G 的发展仍然是一场竞争。正如我国科技部副部长王曦指出的:我们要力争赢得这场竞赛,在无线技术领域占据主导地位。美国也已经明确表态,必须要成为 6G 时代开发安全硬件和软件的领导者。可以预见在未来 5 年到 10 年的 6G 研发中,各国会以国家之力在 6G 上进行大规模的投入,势必会以更快的速度、更大范围内取得与 5G 不可比拟的进步。

9.6 习题

(1) 理想情况下,5G 的数据传输率可以达到 10Gbps,但为什么仍不能满足大数据传输的要求?

(2) 为什么说 5G 系统对基于高数据传输速率的 AI 应用仍然无法支撑?

(3) 5G 能达到 1 ms 的延时,为什么这样的延时仍然太长,达不到实时性要求? 分析哪些场景需要更加快速的延时。

(4) 6G 为了满足超高传输速率的要求,需要通过很多技术实现。列举 6G 增加传输速率可能采用的方法。

(5) 为什么说实现点对点定向传输能够提高传输速率?

(6) 智能环境识别能够提高传输速率的原因有哪些?

(7) 为什么说光波不适合作为承载宽带无线通信的工具?

(8) 为什么电离辐射无法作为通信工具使用？

(9) 和红外线相比，为什么太赫兹波更适合于无线通信？

(10) 人工智能为什么在 5G 中存在瓶颈？瓶颈来自哪里？

(11) 随着计算能力的增强，未来 5G 将很难满足人工智能的要求。分析具体的原因。

(12) 6G 可能采用的网络架构是怎么样的？

(13) 卫星通信将在 6G 起到何种作用？

(14) AI 在未来移动通信尤其是 6G 这样的系统中将会被应用在哪些方面？

(15) AI 如何利用无线信道的空时频关联性来提升 6G 的数据传输速率？

(16) "6G 技术有可能超过香农定律极限"该如何理解？

(17) 太赫兹波和毫米波分别表示的是哪个无线电频段？

(18) 我国初步定义了 6G 的关键研发领域，以下哪些不属于这些领域？

① 支撑巨链接、大流量、低延时快速演进的新型网络技术。

② 与移动通信融合的卫星通信技术。

③ 基于全维可定义的天地协同移动通信技术。

④ 非对称毫米波亚毫米波大规模 MIMO 关键技术。

⑤ 基于开源生态的无线协作环境。

⑥ 大维智能共生无线通信基础理论与技术。

⑦ 水声通信与无线传能。

(19) 6G 可能使用的器件包含纳米器件、人机接口设备、传感设备、计算设备、全息设备，但可能不包含存储设备。简述为什么存储设备可能并不属于 6G 的主要器件，你是如何理解的？

(20) 如何理解 6G 承载的业务将演化为真实世界和虚拟世界这两个体系？

(21) 在 6G 可能承载的虚拟世界里包含 VPS、VBS 和 VSS。简述这三个空间各自包含的功能和相互关联。

参 考 文 献

[1] 康斯坦丁. 通信简史,4G 时代离我们有多远? [EB/OL]. 博客中国. http://lsj. blogchina. com/2220100. html.

[2] 严晨安. 4G 时代:科技后浪推前浪[J]. 杭州科技,2011(01):47-49.

[3] 赵鹏. 全球首批 5G 手机将集中"首秀"[EB/OL]. 新华社,http://www. sohu. com/ a/295562125_267106,2019-02-20.

[4] 广工大网管队. 莫非又是一场圈钱游戏? 4G 这么好何必催我换 5G[EB/OL]. 太平 洋电脑网,http://www. sohu. com/a/144772601_223764,2017-05-31.

[5] 工程师周亮. 5G 技术定义的三大场景,及在各领域的作用[EB/OL]. 电子发烧友. http://www. elecfans. com/application/Communication/705026. html.

[6] 许明元. 5G 低时延技术的应用浅析[J]. 移动通信,2017,41(09):90-96.

[7] 佚名. 4K 直播的窘境与破局[EB/OL]. 简书. https://www. jianshu. com/p/700c- 35cf0fc2.

[8] 程韬. 5G 比 4G 强在哪? 看完这篇文章你就明白了[EB/OL]. 雷锋网. https:// www. leiphone. com/news/201702/gS4Sd78jjCn7g3fL. html.

[9] 董明. 打造极致体验的视频世界[R]. 中国网络视听大会. 2018-11-29.

[10] 杜怡琼. 5G 时代:军事智能化将刷新战场形态[N]. 中国国防报. http://www. 81. cn/gfbmap/content/2017-03/27/content_173305. htm.

[11] 赵天宇. 5G 时代,中国领先了吗? [N]. 北京科技报,2018-12-24(028).

[12] 肖占军,赵志杰,吴宝明. 对移动 5G 网络在军事领域应用问题的思考[J]. 数字通 信世界. 2019(02):64-77.

[13] 王鹏. 5G 通信技术的军事应用[N]. 中国青年报. 2019-01-17(012).

[14] 曹先震. 5G 将给产业链带来巨大机遇[J]. 中国电信业. 2019(01):34-35.

[15] 胡厚崑. 如果你建造 5G,5G 就会来[EB/OL]. 中国信息产业网-人民邮电报. http://mini. eastday. com/a/181122104905468-2. html.

[16] 黄海峰. 华为汪涛:AI 将加速 5G 时代移动网络"自动驾驶"[J]. 通信世界. 2018 (31):34.

[17] 黄海峰. 华为丁耘:持续创新让 5G 商用部署变得"高效便捷"[J]. 通信世界. 2018 (31):35.

[18] 梁晨. 华为公司轮值董事长徐直军:华为开放发展 5G,绝不敲诈别人[EB/OL]. 人 民邮电报. https://www. sohu. com/a/238104924_354877,2018-06-28.

[19] Ernie Tretkoff. July1820:Oersted&Electromagnetism[EB/OL]. APSNEWS. https://www. aps. org/publications/apsnews/200807/physicshistory. cfm.

[20] 田溯宁. 5G 不是 4G 的简单进化,而是一场"革命"[J]. 网络新媒体技术. 2019, 8(01):63-65.

[21] 杨学志. 任总讲话,说明华为对 5G 有清醒的认识[EB/OL]. 微博. https://www.

guancha. cn/YangXueZhi/2019_01_23_487873_s. shtml.

[22] 佚名. 无线网1万亿大单！设备商"分食"5年[EB/OL]. 东方资讯. http://mini. eastday. com/a/190128092325116-2. html.

[23] Angmobile. 祖国七十华诞，5G再立新功！[EB/OL]. 大唐移动. http://www. da-tangmobile. cn/NewsAndMagazine/NewsContentPage. aspx? NewsID ＝ 0d27c342-4f78-4b00-a077-6dfd46612bd5＆CategoryID＝4.

[24] 闻库. 真正5G商用终端还未出现继续加快5G网络建设进程[EB/OL]. 行业新闻. http://www. sohu. com/a/292184502_811152.

[25] 梁晨. 全国人大代表马波：5G改变社会，政府主导是关键[EB/OL]. 人民邮电报. https://baijiahao. baidu. com/s? id＝16274269926951879149＆wfr＝ spider＆for＝pc.

[26] 罗凯，邓聪. 提升网络供给能力支撑"两个强国"建设[EB/OL]. 人民邮电报. http://www. zjjxw. gov. cn/art/2018/12/27/art_1087014_28525029. html.

[27] 程琳琳. 中国移动刘光毅：5G节奏远快于4G，中国移动全力以赴攻坚克难[J]. 通信世界，2017(30)：28-29.

[28] 吴士蕾. 高一物理校本课程[EB/OL]. 道客巴巴. http://www. doc88. com/p-317815957024. html.

[29] 智道. 安培[EB/OL]. 新浪博客. http://blog. sina. com. cn/s/blog_ 6d5b80530100n0y4. html.

[30] 佚名. 毕奥-萨伐尔定律[EB/OL]. 百度百科. https://baike. baidu. com/ item/毕奥-萨伐尔定律/5496889.

[31] 佚名. 第一封电报[EB/OL]. 百度百科. https://baike. baidu. com/item/第一封电报/15670029.

[32] 科普中国. 漩涡电流[EB/OL]. 百度百科. https://baike. baidu. com/item/涡旋电场/5406820.

[33] 科普中国. 位移电流[EB/OL]. 百度百科. https://baike. baidu. com/item/位移电流/7405701? fr＝aladdin.

[34] 王大为. 关于四元数的几何意义和物理应用[J]. 电子制作，2015(05)：164-165.

[35] 沈建峰. 伟大的天才——麦克斯韦[J]. 上海信息化，2011(11)：86-87.

[36] 佚名. 电学的发展[EB/OL]. 百度文库. https://wenku. baidu. com/ view/755cb65d77232f60ddcca144. html.

[37] 科普中国. 电子管[EB/OL]. 百度百科. https://baike. baidu. com/item/电子管/913264? fr＝aladdin.

[38] 科普中国. 集成电路[EB/OL]. 百度百科. https://baike. baidu. com/item/集成电路/108211? fr＝aladdin.

[39] 科普中国. 晶体管[EB/OL]. 百度百科. https://baike. baidu. com/item/晶体管/569042? fr＝aladdin.

[40] 科普中国. 互联网泡沫[EB/OL]. 维基百科. http://zh. wikipedia. org/zh-cn/互联网泡沫.

[41] 朱浩冰. 时间密码：互联网、无线通信与区块链（上）[EB/OL]. 新浪财经. https://

finance. sina. com. cn/blockchain/coin/2018-06-15/doc-ihcyszrz5392605. shtml.

[42] 杨学志. 无线通信产业前瞻[EB/OL]. 星火智库. https://mp. weixin. qq. com/s/9-eModIjk0lKY15-xo2PlQ.

[43] 雪静胡天. 5G:非正交多址技术(NOMA)的性能优势[EB/OL]. CSDN. https://blog. csdn. net/u012691948/article/details/41779467.

[44] 易巧,王小鹏. 5G 关键技术:大规模多天线技术现状及研究点[EB/OL]. 电子技术设计. https://www. ednchina. com/news/201502030800. html.

[45] 豹哥. 无线通信技术协议大全[EB/OL]. CSDN 博客. https://blog. csdn. net/Henjay724/article/details/79773293.

[46] 痞子衡. 嵌入式:一表全搜罗常见短距离无线通信协议[EB/OL]. 博客园. https://www. cnblogs. com/henjay724/p/8598096. html.

[47] 王欣. SBA:这是确定的 5G 核心网架构[J]. 通信产业报,2017.

[48] 朱浩,杜滢. 5G 标准先行稳扎稳打[EB/OL]. 中国无线电管理. http://www. sr-rc. org. cn/article22302. aspx.

[49] 重庆市物联网产业协会. 5G 开启万物互联新时代新业务新需求,对 5G 系统提出新挑战[EB/OL]. 电子发烧友. http://www. elecfans. com/ d/841287. html.

[50] 冰河世纪 20.5G 标准——独立组网(SA)和非独立组网(NSA)[EB/OL]. CSDN. https://blog. csdn. net/bingfeilongxin/article/details/92090275.

[51] 陈赫. NSA 和 SA 组网有何不同? 5G 网络建设有门道[EB/OL]. 快科技. http://news. mydrivers. com/1/636/636189. htm.

[52] gzzhy. 5G NR 详细[EB/OL]. CSDN. https://blog. csdn. net/gzzhy/article/details/93853088.

[53] dolphin98629. 解读 5G 非独立组网(NSA)方案[EB/OL]. CSDN. https://blog. csdn. net/dolphin98629/article/details/80290027.

[54] 郑文生,刘永豹. 5G 网络部署策略[J]. 电信技术,2018,000(008):5-6.

[55] 燕国庆. 以外场之钢,铸先锋之剑——中兴通讯携手三大运营商开展 5G 外场测试[EB/OL]. 中兴通讯技术. https://www. zte. com. cn/china/about/ magazine/zte technologies/2018/8-cn/cases/tech-article.

[56] 周掌柜. 联想被冤枉了! [EB/OL]. 搜狐. https://www. sohu. com/a/231794779 _313170.

[57] 澎湃新闻.5G 标准投票旧案回放:联想有没有捅刀华为,为何被批不爱国[EB/OL]. 搜狐. https://www. sohu. com/a/232003399_260616? _f=index_news_3.

[58] 肖敏. 高功率脉冲半导体激光器电源研制[D]. 南京理工大学,2007.

[59] matin01. MOSFET(MOS 场效应管)工作原理[EB/OL]. CSDN. https://blog. csdn. net/husion01/java/article/details/6633691.

[60] 佚名. 栅极源级漏极分别是什么? 模拟电路中栅极源级漏极的工作原理是什么[EB/OL]. 电子发烧友. http://www. elecfans. com/dianzichangshi/20171123584904. html.

[61] 传感器技术 mp_discard. 了解 MOS 管,看这个就够了! [EB/OL]. 搜狐. https://www. sohu. com/a/231776509_468626.

[62] 刘瑞芳.基于滑模变结构的交流调速系统研究[D].合肥工业大学,2009.

[63] Ziffni.这可能最简单的半导体工艺流程[EB/OL].搜狐.https://www.sohu.com/a/257666855_100269991.

[64] 半导体普及.刷爆你朋友圈的5nm刻蚀机台,有啥用?[EB/OL].百家号.https://baijiahao.baidu.com/s?id=1620691557932652855&wfr=spider&for=pc.

[65] 摩尔芯闻.苹果、高通都搞不定!华为巴龙5000凭什么领航5G?[EB/OL].凤凰网科技.http://tech.ifeng.com/a/20190202/45305708_0.shtml.

[66] 钱江晚报.华为首款中国上市5G手机来了,比4G速率快10倍,售价6199[EB/OL].百家号.https://baijiahao.baidu.com/s?id=1640106343942960403&wfr=spider&for=pc.

[67] 太平洋电脑网.华为发布"巴龙5000"5G多模终端芯片和5GCPEPro[EB/OL].百家号.https://baijiahao.baidu.com/s?id=1623521434853193783&wfr=spider&for=pc.

[68] 那什.高通发布商用多模5G调制解调器X55[EB/OL].人民邮电报.http://www.cnii.com.cn/wlkb/rmydb/content/2019-02/21/content_2142469.htm.

[69] 雷锋网.骁龙X55实现7Gbps高速率还透露了5G三大关键点[EB/OL].cnBeta.https://www.cnbeta.com/articles/tech/819783.htm.

[70] 康嘉林.5G终端只差一站地,折叠机何时飞出玻璃柜?[EB/OL].通信产业报.http://www.sohu.com/a/298169810_354953.

[71] 刁兴玲.MWC2019抢先看5G将成最大亮点[J].通信世界,2019(05):9-10.

[72] 明.华为发布全球第一款5G基站核心芯片[EB/OL].新浪新闻.https://news.sina.com.cn/s/2019-01-24/doc-ihrfqzka0546150.shtml.

[73] 张帅.华为运营商BG总裁丁耘:5G重新定义电信行业新边界[EB/OL].EEWORLD电子工程世界.http://news.eeworld.com.cn/mp/leiphone/a60739.jspx.

[74] 杰儿.华为首款天罡芯片怎么样?5G基站核心芯片功能介绍[EB/OL].微侠网.http://www.vipxap.com/article/v_75172.html.

[75] 加特林.华为杨超斌:5G已来,实现规模商用[EB/OL].百度贴吧.https://tieba.baidu.com/p/6017398809?red_tag=2596490132.2019-01-25.

[76] 腾讯网.除了5G,19年还有哪些主线可以期待?[EB/OL].申万宏源通信.https://new.qq.com/omn/20190113/20190113B01QMO.html.

[77] 达坂城大豆.两巨头联手,开发"毫米波5G基站"芯片[EB/OL].个人图书馆.http://www.360doc.com/content/19/0108/11/40903010_807422469.shtml.

[78] 贺军,高怡平.5G时代的射频前端技术分析[J].集成电路应用,2017,34(12):68-71.

[79] 林子.聚焦5G和AI!展锐明年将推7nm 5G芯片和NPU芯片![EB/OL].百家号.https://baijiahao.baidu.com/s?id=1617800839478978118&wfr=spider&for=pc.

[80] 樊志远.5G时代手机要支持50个频段:17%逆市增长率,滤波器的盛宴[EB/OL].品略.http://www.pinlue.com/article/2019/04/2520/598799784819.html.

[81] 聚文汇.射频滤波器如何正确选[EB/OL].百度文库. https://wenku. baidu. com/view/9d87537c905f804d2b160b4e767f5acfa1c783c8. html.

[82] Aigner Robert. SAW、BAW 和无线的未来[EB/OL].百度文库. https://wenku. baidu. com/view/1153b2362cc58bd63086bd2b. html.

[83] 李灏.真正的寂静:能吸收 99.7% 声音的超酷装置[EB/OL].个人图书馆. http://www. 360doc. com/content/15/0920/02/699582_500205788. shtml.

[84] 刘国荣.基于单晶 AlN 薄膜的 FBAR 制备研究[D].华南理工大学,2017.

[85] 网络整理.5G 手机将陆续问世芯片厂商竞争格局详细分析[EB/OL].电子发烧友. http://www. elecfans. com/d/860309. html. 2019-04-07.

[86] DJ Money.5G 芯片竞争格局分析,谁会成为胜者?[EB/OL].搜狐. http://m. sohu. com/a/290711369_132567. 2019-01-22.

[87] C. Zhang, P. Patras, H. Haddad. Deep Learning in Mobile and Wireless Networking:A Survey[J]. IEEE Communications Surveys & Tutorials, 2019, 21 (3):2224-2287.

[88] Zhang Chaoyun, Patras Paul, Haddadi Hamed. Deep Learning in Mobile and Wireless Networking:A Survey[J]. Communications Surveys&Tutorials,2018: 90-96.

[89] L. C. Yann, B. Yoshua. Convolutional networks for images,speech, and time series[J]. The handbook of brain theory and neural networks, 1995, 3361(10).

[90] 黄晴,耿志远.移动无线网络中的深度学习研究综述[J].电子商务,2018(08): 12-13.

[91] X. Lin, Y. Rivenson, N. T. Yardimci, et al. All-optical machine learning using diffractive deep neural networks[J]. Science, 2018.

[92] A. Mirhoseini, H. Pham, Q. V. Le, et al. Device placement optimization with reinforcement learning[J]. Proc. International Conference on Machine Learning, 2017.

[93] T. Kraska, A. Talwalkar, J. C. Duchi, et al. MLbase:A distributed machine learning system[J]. CIDR,2013,1:1-2.

[94] K. Hsieh, A. Harlap, N. Vijaykumar, et al. Geodistributed machine learning approaching LAN speeds[J]. USENIX Symposium on Networked Systems Design and Implementation (NSDI),2017:629-647.

[95] E. P. Xing, Q. Ho, W. Dai, et al. A new platform for distributed machine learning on big data[J]. IEEE Trans. on Big Data, 2015, 1(2):49-67.

[96] W. Xiao, J. Xue, Y. Miao, et al. Distributed graph computation for machine learning[J]. USENIX Symposium on Networked. Systems Design and Implementation (NSDI),2017:669-682.

[97] T. M. Chilimbi, Y. Suzue, J. Apacible, et al. Building an efficient and scalable deep learning training system[J]. USENIX Symposium on Operating Systems Design and Implementation (OSDI), 2014,14:571-582.

[98] H. Cui, H. Zhang, G. R. Ganger, et al. Geeps:Scalable deep learning on dis-

tributed GPUs with a GPU-specialized parameter server[J]. Proc. Eleventh ACM European Conference on Computer Systems, 2016: 4.

[99] P. Moritz, R. Nishihara, S. Wang, et al. Ray: A Distributed Framework for Emerging AI Applications[J]. 13th USENIX Symposium on Operating Systems Design and Implementation (OSDI), 2018: 561-577.

[100] M. Alzantot, Y. Wang, Z. Ren, et al. RSTensorFlow: GPU Enabled TensorFlow for Deep Learning on Commodity Android Devices[C]. Proceedings of the 1st International Workshop, 2017.

[101] Rami AI-Rfou, Guillaume Alain, Amjad Almahairi, et al. Theano: A Python framework for fast computation of mathematical expressions[J]. arXiv e-prints:abs/1605.02688, 2016.

[102] Y. Jia, E. Shelhamer, J. Donahue, et al. Caffe: Convolutional Architecture for Fast Feature Embedding[J]. arXiv preprint arXiv:1408.5093, 2014.

[103] I. Sutskever, J. Martens, G. E. Dahl, et al. On the importance of initialization and momentum in deep learning[J]. International conference on machine learning (ICML), 2013: 1139-1147.

[104] J. Dean, G. S. Corrado, R. Monga, et al. Large Scale Distributed Deep Networks [J]. Advances in neural information processing systems, 2012: 1223-1231.

[105] M. D. Zeiler. ADADELTA: An Adaptive Learning Rate Method[J]. arXiv preprint arXiv:1212.5701, 2012.

[106] S. Ruder. An overview of gradient descent optimization algorithms[J]. arXiv preprint arXiv:1609.04747, 2016.

[107] D. Kingma, J. Ba. Adam: A method for stochastic optimization[J]. International Conference on Learning Representations (ICLR), 2015.

[108] T. Dozat. Incorporating Nesterov momentum into Adam[C]. In ICLR Workshop, 2016.

[109] M. Andrychowicz, M. Denil, S. Gomez, et al. Learning to learn by gradient descent by gradient descent[J]. Advances in Neural Information Processing Systems, 2016.

[110] W. Wen, C. Xu, F. Yan, et al. TernGrad: Ternary gradients to reduce communication in distributed deep learning[J]. Advances in neural information processing systems, 2017.

[111] Y. Zhou, S. Chen, A. Banerjee. Stable gradient descent[C]. Proc. Conference on Uncertainty in Artificial Intelligence, 2018.

[112] L. M. Vaquero, L. Rodero-Merino. Finding your Way in the Fog: Towards a Comprehensive Definition of Fog Computing[J]. Acm Sigcomm Computer Communication Review, 2014, 44(5):27-32.

[113] M. Aazam, S. Zeadally, K. A. Harras. Offloading in fog computing for IoT: Review, enabling technologies, and research opportunities[J]. Future Genera-

tion Computer Systems，2018，87(OCT.)：278-289.．

[114] R. Buyya, S. N. Srirama, G. Casale, et al. A Manifesto for Future Genera-tion Cloud Computing：Research Directions for the Next Decade[J]. ACM Computing Surveys (CSUR)，2017，51(5)：105. 1-105. 38.

[115] V. Gokhale, J. Jin, A. Dundar, et al. A 240 G-ops/s mobile coprocessor for deep neural networks[C]. Proc. IEEE Conference on Computer Vision and Pattern Recognition Workshops，2014.

[116] S. Bang, J. Wang, Z. Li, et al. 14. 7 A 288μW programmable deep-learning processor with 270KB on-chip weight storage using non-uniform memory hier-archy for mobile intelligence[C]// IEEE International Solid-state Circuits Con-ference. IEEE，2017.

[117] F. Akopyan. Design and tool flow of IBM's truenorth：an ultralow power pro-grammable neurosynaptic chip with 1 million neurons[C]. Proc. International Symposium on Physical Design，2016.

[118] K. Günter, T. Unterthiner, A. Mayr, et al. Self-Normalizing Neural Net-works[J]. 2017.

[119] I. Sergey, S. Christian. Batch Normalization：Accelerating Deep Network Training by Reducing Internal Covariate Shift[C]//[s. n.]. In Proc. Interna-tional Conference on Machine Learning，2015，pages 448-456.

[120] N. L. Roux, Y. Bengio. Representational power of restricted boltzmann ma-chines and deep belief networks[J]. Neural computation，2008，20 (6)：1631-1649.

[121] G. E. Hinton, S. Osindero, Y. W. Teh. A fast learning algorithm for deep belief nets[J]. Neural computation，2006，18(7)：1527-1554.

[122] H. Lee, R. Grosse, R. Ranganath, et al. Convolutional deep belief networks for scalable unsupervised learning of hierarchical representations[C]//[s. n.]. In Proc. 26th ACM annual international conference on machine learning，2009，pages 609-616.

[123] P. Vincent, H. Larochelle, I. Lajoie, et al. Stacked denoising autoencoders：Learning useful representations in a deep network with a local denoising criteri-on[J]. Journal of Machine Learning Research，2010，11(Dec)：3371-3408.

[124] D. P. Kingma, M. Welling. Auto-encoding variational bayes[C]//[s. n.]. In Proc. International Conference on Learning Representations (ICLR)，2014.

[125] O. Russakovsky, J. Deng, H. Su, et al. ImageNet Large Scale Visual Recog-nition Challenge [C]//[s. n.]. International Journal of Computer Vision (IJCV)，2015，115(3)：211-252.

[126] C. Szegedy, W. Liu, Y. Jia, et al. Going deeper with convolutions[C]//[s. n.]. In Proc. IEEE conference on computer vision and pattern recognition，2015，pages 1-9.

[127] K. He, X. Zhang, S. Ren, et al. Deep residual learning for image recognition

[C]//[s. n.]. In Proc. IEEE conference on computer vision and pattern recognition, 2016, pages 770-778.

[128] G. Huang, Z. Liu, K. Q. Weinberger, et al. Densely connected convolutional networks[C]//[s. n.]. IEEE Conference on Computer Vision and Pattern Recognition, 2017.

[129] S. Ji, W. Xu, M. Yang, et al. 3D Convolutional Neural Networks for Human Action Recognition[J]. IEEE Transactions on Pattern Analysis & Machine Intelligence, 2013, 35(1):221-231.

[130] Y. Bengio. Learning Long-term Dependencies With Gradient Descent is Difficult[J]. IEEE Transactions on Neural Networks, 1994, 5.

[131] I. Goodfellow, J. Pouget-Abadie, M. Mirza, et al. Generative adversarial nets[C]// Advances in Neural Information Processing Systems. NIPS, 2014.

[132] I. Goodfellow. NIPS 2016 Tutorial: Generative Adversarial Networks[J]. 2016.

[133] V. Mnih, B. A. Puigdomènech, M. Mirza, et al. Asynchronous Methods for Deep Reinforcement Learning[C]// International Conference on Machine Learning. ICML, 2016.

[134] M. Hessel, J. Modayil, H. V. Hasselt, et al. Rainbow: Combining Improvements in Deep Reinforcement Learning[J]. 2017.

[135] D. Z. Yazti, S. Krishnaswamy. Mobile Big Data Analytics: Research, Practice, and Opportunities[C]// IEEE International Conference on Mobile Data Management. IEEE, 2014.

[136] L. Pierucci, D. Micheli. A Neural Network for Quality of Experience Estimation in Mobile Communications[J]. IEEE Multimedia, 2016, 23(4):42-49.

[137] Y. Gwon, H. T. Kung. Inferring origin flow patterns in wi-fi with deep learning[C]. 2014 IEEE International Conference on Autonomic Computing (ICAC), 2014, 73-83.

[138] L. Nie, D. Jiang, S. Yu, et al. Network Traffic Prediction Based on Deep Belief Network in Wireless Mesh Backbone Networks[C]. Wireless Communications & Networking Conference. IEEE, 2017.

[139] J. Wang, J. Tang, Z. Xu, et al. Spatiotemporal modeling and prediction in cellular networks: A big data enabled deep learning approach[C]. IEEE INFOCOM 2017 - IEEE Conference on Computer Communications. IEEE, 2017.

[140] C. Zhang P. Patras. Long-term mobile traffic forecasting using deep spatiotemporal neural networks[J]. 2018 ACM International Symposium on Mobile Ad Hoc Networking and Computing, 2018, 231-240.

[141] X. Wang, Z. Zhou, F. Xiao, et al. Spatio-Temporal Analysis and Prediction of Cellular Traffic in Metropolis[J]. IEEE Transactions on Mobile Computing, 2018:1-1.

[142] C. Zhang, X. Ouyang, P. Patras. ZipNet-GAN: Inferring fine-grained mobile traffic patterns via a generative adversarial neural network[C]. 2017 ACM

Conference on Emerging Networking Experiments and Technologies，2017.

[143] M. P. Hosseini，T. X. Tran，D. Pompili，et al. Deep Learning with Edge Computing for Localization of Epileptogenicity Using Multimodal rs-fMRI and EEG Big Data[C]. 2017 IEEE International Conference on Autonomic Computing (ICAC). IEEE，2017.

[144] G. D. Magoulas，C. Stamate，et al. Deep Learning Parkinson's from Smartphone Data[C]// 2017 IEEE International Conference on Pervasive Computing and Communications (PerCom). IEEE，2017.

[145] L. Tobias，A. Ducournau，F. Rosseau，et al. Convolutional Neural Networks for Object Recognition on Mobile Devices：a Case Study[C]// International Conference on Pattern Recognition. IEEE，2017.

[146] T. Teng，X. Yang. Facial expressions recognition based on convolutional neural networks for mobile virtual reality[C]// ACM SIGGRAPH Conference on Virtual-Reality Continuum and Its Applications in Industry-Volume. ACM，2016.

[147] R. Jinmeng，Q. Yanjun，R. Fu，et al. A Mobile Outdoor Augmented Reality Method Combining Deep Learning Object Detection and Spatial Relationships for Geovisualization[J]. Sensors，2017，17(9)：1951.

[148] B. Almaslukh，J. AlMuhtadi. An effective deep autoencoder approach for online smartphone-based human activity recognition[J]. International Journal of Computer Science and Network Security (IJCSNS)，2017，17(4)：160.

[149] X. Li，Y. Zhang，I. Marsic，et al. Deep Learning for RFID-Based Activity Recognition[C]// Acm Conference on Embedded Network Sensor Systems Cdrom. ACM，2016.

[150] S. Bhattacharya，N. D. Lane. From smart to deep：Robust activity recognition on smartwatches using deep learning[C]// IEEE International Conference on Pervasive Computing & Communication Workshops. IEEE，2016.

[151] F. J. Ordóñez，D. Roggen. Deep Convolutional and LSTM Recurrent Neural Networks for Multimodal Wearable Activity Recognition[J]. Sensors，2016，16(1)：115.

[152] S. Wang，J. Song，J. Lien，et al. Interacting with Soli：Exploring Fine-Grained Dynamic Gesture Recognition in the Radio-Frequency Spectrum[C]// Symposium on User Interface Software & Technology. ACM，2016.

[153] M. Zhao，Y. Tian，H. Zhao，et al. RF-based 3D skeletons[C]// the 2018 Conference of the ACM Special Interest Group. ACM，2018.

[154] Y. Takuya，I. Nobutaka，D. Marc，et al. The NTT CHiME-3 system：Advances in speech enhancement and recognition for mobile multi-microphone devices[C]//[s. n.]. In Proc. IEEE Workshop on Automatic Speech Recognition and Understanding (ASRU). Piscataway：IEEE，2015：436-443.

[155] S. Ruan，J. O. Wobbrock，K. Liou，et al. Speech is 3x faster than typing for english and mandarin text entry on mobile devices[OL]. 2016，arXiv preprint.

arXiv:1608.07323.

[156] Z. Lu, N. Felemban, K. Chan, et al. Demo abstract: On-demand information retrieval from videos using deep learning in wireless networks[C]//[s. n.]. In Proc. IEEE/ACM Second International Conference on Internet-of-Things Design and Implementation (IoTDI). Piscataway: IEEE, 2017:279-280.

[157] S. H. Fang, Y. X. Fei, Z. Xu, et al. Learning transportation modes from smartphone sensors based on deep neural network[J]. IEEE Sensors Journal, 2017, 17(18):6111-6118.

[158] T. J O'Shea, T. Erpek, T. C. Clancy. Deep learning based MIMO communications[OL]. 2017, arXiv preprint. arXiv:1707.07980.

[159] M. Borgerding, P. Schniter, S. Rangan. AMP-inspired deep networks for sparse linear inverse problems[J]. IEEE Transactions on Signal Processing, 2017.

[160] N. Kaminski, I. Macaluso, E. D. Pascale, et al. A neural-network-based realization of in-network computation for the Internet of Things[C]//[s. n.]. In Proc. IEEE International Conference on Communications (ICC). Piscataway: IEEE, 2017:1-6.

[161] L. Xiao, Y. Li, G. Han, et al. A secure mobile crowdsensing game with deep reinforcement learning[J]. IEEE Transactions on Information Forensics and Security, 2017.

[162] N. C. Luong, Z. Xiong, P. Wang, et al. Optimal auction for edge computing resource management in mobile blockchain networks: A deep learning approach [C]//[s. n.]. In Proc. IEEE International Conference on Communications (ICC). Piscataway: IEEE, 2018:1-6.

[163] A. Gulati, G. S. Aujla, R. Chaudhary, et al. Deep learning-based content centric data dissemination scheme for Internet of Vehicles[C]//[s. n.]. In Proc. IEEE International Conference on Communications (ICC). Piscataway: IEEE, 2018:1-6.

[164] 国家电网有限公司.深化设备运检智能融合,推进电网高质量发展,为建设世界一流能源互联网企业提供坚强支撑[J].电力设备管理,2019(03):52-53.

[165] 陈厚合.泛在电力物联网将极大激活上下游产业链[EB/OL].国家电网报.http://shupeidian.bjx.com.cn/html/20190416/974937.shtml,2019-04-16.

[166] 本刊讯.工信部总工程师张峰带队赴浙江省开展电力无线专网专题调研[J].中国无线电,2019(01):1.

[167] 曹珅珅.完善政策法规,推动自动驾驶产业发展[J].电信技术,2018(11):47-48.

[168] 刘朝晖.智能网联汽车,从此有了"氧气"[N].新民周刊,2019-02-24(22).

[169] 柯研.全球首例5G远程动物手术成功实施[N].人民邮电,2019-01-14.

[170] 佚名.国产大飞机ATG网络接入测试首飞成功![EB/OL].飞联网联盟.http://webapp.feheadline.com/article/5942883/0,2018-12-28.

[171] 李洁,林鹏,王宇,等.5G网络视频业务承载与发展分析[J].邮电设计技术,2018(11):86-92.

[172] 简书,大数据区块链商业街,提醒｜Cloud VR 的 17 大应用场景,与大家未来的智慧生活息息相关[EB/OL].简书. https://www.jianshu.com/p/7b9eccd6bfb3.

[173] 工业和信息化部.工业和信息化部关于加快推进虚拟现实产业发展的指导意见[EB].工信部电子(2018)276 号,2018. http://www.miit.gov.cn/n1146295/n1652858/n1652930/n3757021/c6559806/content.html?&tsrttqhlnhz.

[174] 张昆蔚,毕然.浅谈我国 5G 网络无人机应用典型场景及发展建议[J].信息通信技术与政策,2018(11):83-84.

[175] 罗超.华为布局 AI,驱动安防大变革[J].中国公共安全,2018(11):180-181.

[176] 陈言.美国曾动用国家力量敲打日本企业[J].中国报道,2019(02):96.

[177] 李淑芬.中曾根内阁时期的日美军事关系[D].东北师范大学,2009.

[178] 何英莺.论战后日美军事同盟中的摩擦关系[D].复旦大学,2003.

[179] 郭燕红.美国制裁公司的典型案例:1987 年东芝事件始末[EB/OL].百家号. https://baijiahao.baidu.com/s?id=16194359379104816092&wfr=spider&for=pc.2019-12-10.

[180] S2 小伙伴.对不起,可能根本没有 6G![EB/OL].搜狐. http://www.sohu.com/a/283482048_340656,2018-12-20.

[181] 扫地僧.日本、欧洲"联合"研发 6G 技术![EB/OL].个人图书馆. http://www.360doc.com/content/19/0327/17/31024613_824546820.shtml.

[182] 同花顺综合.工信部:中国已经着手研究 6G[EB/OL].同花顺财经. http://stock.10jqka.com.cn/20180309/c603339727.shtml.

[183] 数与哲."星链(Starlink)计划"正式启动.微信公众号. https://mp.weixin.qq.com/s/iRBwVKf9G1yCWNmqoVc0-A,2019-05-16.

[184] 张平,牛凯,田辉,等.6G 移动通信技术展望[J].通信学报,2019,40(01):141-148.